U0845161

AI时代审美力
——探析现代图形艺术的表象与内核

杨晓金 著

化学工业出版社

·北京·

内容简介

本书以著者多年来形态各异的图形艺术作品为基础，探析了审美力驱使下图形艺术作品产生的前因后果，从作品表象深入到其内核，图与文相映成趣，直白地展现出图形作品诞生的“然”及其“所以然”。本书以宏观地分析AI与人的区别、视觉艺术中人之审美力的显现作为开始，层层深入地剖析了审美力驱使下各类图形艺术的创作之流变，并在此基础上，增添更具说服力的分类作品对前面论述做进一步的完善与巩固。全书信息丰富、深入浅出，且颇具时代价值。

书中作品门类林立、跨界交叉，可供平面设计、产品设计等艺术设计工作者阅读参考，也可作为高等院校相关专业师生的教学参考书。

图书在版编目（CIP）数据

AI时代审美力 ：探析现代图形艺术的表象与内核 / 杨晓金著. -- 北京 ：化学工业出版社，2025. 10.
ISBN 978-7-122-49200-5

Ⅰ. TB47

中国国家版本馆CIP数据核字第2025TB5075号

责任编辑：陈　喆　　　　装帧设计：孙　沁
责任校对：王鹏飞

出版发行：化学工业出版社
（北京市东城区青年湖南街13号　邮政编码100011）
印　　装：天津裕同印刷有限公司
889mm×1194mm　1/20　印张8　字数206千字
2025年10月北京第1版第1次印刷

购书咨询：010-64518888　　　　售后服务：010-64518899
网　　址：http://www.cip.com.cn
凡购买本书，如有缺损质量问题，本社销售中心负责调换。

定　　价：98.00元

版权所有　违者必究

前言

在 AI 时代聚焦审美力的大背景下，笔者结合多年来（限于）各类图形艺术层面的创作实践与体悟，从图形艺术的表象（形、色、材等）层层剥离到其内核（感受、思想内涵等），试图阐释其由内而外的审美思维逻辑路径，为大审美力体系拼凑一点个人的局限浅见，也借此机会对自己多年来的艺术践行做个小结。

这里所说的图形艺术，主要是指本人多年来践行的具有一定“形”体识别度（相对于纯抽象而言）的广泛意义上的视觉艺术。这不仅是指传统意义上狭义的图形符号、标志设计，也包括基于形体的表现性油画、瓷画、立体器物、雕塑、综合材料等，跨度广且杂。之所以用“图形艺术”这个标题将其囊括一处，原因有三：①书中作品大多是本人的亲历创作实践（除少数几个社会名作及本人指导的学生作业外），作品广且杂，落在一个词上便于整体地展开论述；②这些作品的原初和核心都源于一定识别度的图或形，选择“图形艺术”这个词是综合权衡的结果；③书中无论什么形态的作品，都经过本人个人化审美力催动，而一个人某一阶段的审美力一般来说是特定且有规律可循的，书中作品虽然形态多样，但审美力是有迹可循的或者是同一的，规整到一个词，是对多样表现形态中内在的共通性的考量。

进而言之，书中作品从平面到立体、从简练到烦琐、从机械到手工、从平素到诗性，以及其内容、形式、结构、材质、色彩、肌理等错综复杂，即综合交叉是本书的显著特征。一方面，如此繁杂，源于本人一直信奉“人生是来体验的”，尽可能“动”而不是“静”地多空间、多方位去探索，去试错。对本人而言，没什么比尊重松弛、愉悦、好奇、敏感、自然的天性更为珍贵，所以本人也常把罗素的“爱好越多，快乐越大”作为前行的调节剂。另一方面，杂了也许真的很难做到精，但每每综合权衡后，在确保本人积极人生态度的前提下，依然选择了杂，偶尔玩玩油画，抑或玩玩陶艺等。但是，多方位客串之后，明显感觉到各种艺术形式剥离其表象迥异的形态、材质等外壳之后，其底层隐藏着某种共通的逻辑，即审美力，这也正是本书试图探讨的重点所在。

书中作品虽然品类丰富、综合交叉，但它们具有一个共通的特征，即创作主旨思想都是遵从塞尚以后的现代主观表现主义。这一点，从本人崇尚的一句话“我闭上眼睛，以求能看见”中可见，即不受制于物象的表面所观，而是在观后以表达自己内心的感受与联想为重，正因侧重于“内心感受”，才自然而然地顺延到了“审美力”的论述。

书中涉及的诸多图形艺术作品的审美，多半属于大审美力体系中视觉艺术审美这块小区域。有必要阐明的是，本书借“图形艺术”审美力这个点试图去映射整个大审美力体系的那个面，以激活人们内心深处的全面感悟、想象及建立于质疑与求证基础上的评判体系的大审美观，发掘审美力的广度与深度。审美力越高，对美好生活向往的情愫就越深，发现美的敏感力就越强，创新力也就越强，个性也越突出。本人认为，审美境界无疑为人类精神境界的最高境界。

虽说本书也算论著，但确切来说，视为本人的一种偏见更加妥帖，仅限于本人的个人理解，之所以抛向大众，希冀给读者提供一些不同的声音，多少引发些许思考。正如陈丹青老师所言，很多观点都是发言者的个人偏见，但人们对不同的偏见见得多了，就会达到一种“见”，从而纠偏与丰满彼此的见解。既然是偏见，未免错误频出，个人觉得坦诚地显露自己的错不算是冒犯！这点也成了本人敢于杜撰此书擅自表达观点的重要缘由之一。

杨晓全

目 录

第一章　AI 时代的视觉艺术与审美力

一、AI 与人的本质属性

AI（人工智能）的本质属性主要体现在 AI 是机器通过算法模仿人类的智能，使机器像人一样认知、学习、推理和做决策。人类给予 AI 的数据，其知识边界由人类“投喂”的训练数据决定；AI 也可以进行创造，但仅是对已有数据的组合和演绎；AI 虽能模拟人类的悲伤、愉快、愤怒等，但没有时间维度中的生命变迁体验，其无法感受孤独、期待、悔恨、顿悟等高度复杂的人类情感，也缺乏记忆的情感的回味，其本质上是对语言或行为的统计与再现。

近几年，随着 AI 的迭代升级，其智能水平逐渐向人类靠近，在不少领域已大大超越人类，已成为人类生产与生活中重要的、强有力的“左膀右臂”。AI 的异军突起已成为哲学、认知科学和艺术设计研究等领域中的重要课题。然而，虽然 AI 强大，但当人们深入探究艺术创作的核心时，至少目前来说，人作为主体占据着不可撼动的领导地位，这是由人的本质属性决定的。

人的本质属性是人可以通过五感（视觉、听觉、嗅觉、触觉、味觉）的鲜活体验直接从自然界与社会互动中获得原始感知及摄取新鲜经验；人不仅能向 AI 那样依靠数据记忆，也能主动、直接接触世界，继而“发现”世界。

人的本质属性具体体现在情感、创造力与主观能动性等几个方面，这些属性是艺术创作的核心驱动力。“情感”宛如艺术的灵魂，是艺术家与观众之间联结共鸣的桥梁，艺术家将自己的喜怒哀乐等情感借助艺术作品得以释放，创作的每一作品都是作者情感密码的转译。“创造力”则是艺术家破与立的勇气与方式，更是突破传统束缚、探索新形式与新内容的利刃，它使艺术世界不断焕发出新的生机与活力。“主观能动性”则是艺术家对创作主体的价值取向与选择，体现在创作过程的执行力与把控上，是促成创作者以自己独有的方式诠释对世界的理解和感悟的保障。

而以上作为人的本质属性的情感、创造力、主观能动性，其最终的呈现方式统称为审美力。审美力反映了人对美的独特追求和表达方式，而且有不同的取向与高低之分，不同的取向与高低的审美力塑造出截然不同的艺术作品。

AI 与人本质属性的迥异，也自然而然地划清了 AI 与人的行为边界。AI 可以作为艺术家的工具，帮助其快速处理图像图形、提供海量案例，从而提高创作效率和质量。艺术家利用AI生成初步草图，继而根据自己的审美力进行调整和优化；同时，AI也可以通过学习人类艺术家的作品风格，生成具有特定样式的图像，为艺术家提供灵感和参考。

至少目前来说，AI生成的视觉图形缺乏人的情感和创意。AI的创作需要人类的引导和干预，这是因为人类的情感从喜悦到忧伤，从对微观如对苔藓的热爱到对宏观世界的关怀，广博、丰富且细腻。AI虽然可模仿人类的创作形式，但难以像人类艺术家那样将自己独特的情感附加于作品中，以及赋予作品深层次、个性化的思想内涵。

总之，AI是基于人类提供的数据进行运算得出结果；而人是活水源头，人类的创造力源于对生活的复杂情怀和深刻感悟，以及对未知世界的无尽探索欲望，而且每一个不同的独立人探索的内容与维度不一样，从而产生的感悟与情怀也不一样。人“投喂”AI，AI受制于人、从属于人，但是AI也有人类无法企及的超凡能力，即它会自动综合目前人类所有的数据，集个人一辈子都无法触及的广度与深度的知识库进行全方位探究，而且工作效率极高。所以AI与人各具优势，人只有拥抱AI才会强强联合，有效发挥更大效用。

二、AI时代视觉艺术的机遇与挑战

AI引领的科技革命，给世界开辟了另一片广袤而迷人的天地。视觉艺术的边界也随之再一次无限延展，现代艺术，更确切地说，现代人，该何去何从？

从机遇角度来看，AI在视觉艺术领域展现出了超乎想象的整合与生成能力。通过大数据算法和深度学习模型，AI可以迅速整合海量的图像图形、样式、结构、技法与风格信息，实现跨历史、跨文化、跨媒介的资源重组与再创造。这意味着可以同时调用成百上千位艺术家的创作语言，对其进行样式迁移、融合与变异，这种基于全历史数据库的综合演算方式，为视觉艺术提供了前所未有的创意拓展空间，这种生成速度快、排列组合无穷的模式，即便是以已有数据为基础进行的概率性创新，也可瞬间生成形式复杂且风格丰富的新图形，这种效率的提升，不仅拓宽了创作者的表达可能，也对传统的艺术流程、审美逻辑与风格发展路径提出了新的挑战。AI对艺术广泛的介入与应用，也引发了关于艺术本质、价值和未来发展的诸多思考，其所构成的复杂图景，迫使人们重新思考人类艺术活动的本质、技术介入的边界及未来艺术生态的构建方式。

AI工具赋予了创作者高度的控制力和自由度，使艺术家能够在更短的时间内测试多种方案、尝试不同的风格并快速迭代作品，创作者在面对AI时，通过语义描述、参数调整与风格调控，可以将自己的构思迅速转变为图像，并在多样选择中激发出新的灵感，艺术家转变为审美判断的组织者与文化意义的策划者。在面对诸多方案的同时，艺术家的敏锐性、判断力与价值取向变得尤为关键。如何将 AI 生成的“原材料”升级为真正具有穿透力、思想性与情感张力的艺术，依然需要人类主体性去意义锚定和美学筛选。因此，这也推动了艺术家主体从创作者向策划者和批评者等多重角色延伸。

与此同时，人们也不可忽视 AI 所带来的深层挑战。例如，当 AI 可以迅速满足视觉表达的需求时，艺术家是否还愿意去长期积累技术功底、深入观察自然、体验情感世界、构建美学体系？当一键生成的便利性压倒了手工感知的精微性，人类是否会逐渐丧失通过感官去理解世界、通过身体去感知存在的能力？人类的艺术创造之所以具有生命力，并非仅仅因为其结果的独到性，而在于创作过程本身所包含的思考性、情感性与体验性。一旦这一过程被压缩为“输入关键词、等待结果”的技术闭环，艺术就可能退化为算法的衍生品，从而失去了它作为人类精神实践的原初价值，也必定导致人类思维的惰性与创作能力的衰退。如此，机器的进化与人的主体性隐退导致“人机关系”逐渐模糊，甚至反向交换位置。换言之，AI 变得越来越像人，而人越来越像机器。这种双向关系的变化，一方面展现出 AI 与人类深度融合；另一方面意味着人类自主性、批判性的弱化。在这个过程中，当大量精力投入到技术操作和工具应用中，而忽视艺术内涵和情感的深入挖掘时，艺术的本质将被稀释，成为机械化、程序化的产物，失去灵魂与温度。海量的 AI 图像图形输出在提供选择的同时，也造成了审美疲劳与视觉泛滥，令人难以辨析风格的独特性与作品的思想深度，导致整个视觉艺术生态进入某种表层化、流量化、快速消费化的危机中，“品味的崩塌”成为必然。

AI 在艺术中的应用也引发了伦理和版权的争议，在这里不再赘述。

回顾第一次工业革命巨变后莫里斯倡导的工艺美术运动，以及照相机发明之后保罗·塞尚等引发的现代艺术转向，抑或计算机 PS 等绘图软件出现后的现代视觉艺术的迭代。历史可见，科技的进步在带来震荡与阵痛之后并没有抹灭艺术的活力；相反，其每每如虎添翼般地激活了艺术的另一套生命体系，且更添勃勃生机。科技与艺术、机械与手工总是在巨变与迷茫之间最终达成和解，自洽共赢。诚然，艺术没被科技斩杀（反而是科技助力艺术），因为艺术的主体是人，而人奇妙的灵感、丰富的情怀与无限的温度可谓人类的金字塔顶端，（至少目前来看）一时无法被人类发明的科技所超越。

因此，在 AI 不断发展的当下，真正重要的问题是“人类与 AI 如何共存”。AI 与人类各有所长，彼此不可替代。AI 的优势在于信息的整合力、风格的生成力、图像图形的再组装能力；而人类的优势在于感官的敏锐性、情感的细腻性、意识的能动性与意义的建构性。人类能够从自然中获取第一手经验资源，然后通过五感建立对世界的独立感知结构，并在情感、文化与哲思的维度上为作品赋予超越现实的价值。AI 虽然效率高，但并不具备人类的历史记忆、情境感知、情感共鸣与价值追问。

谈到人的主体性，以手作陶艺为例，其作为与计算机、机械并行的以“手作”为主体，以三维立体、兼顾实用与审美的作品为呈现的艺术，虽然可以借助AI提供海量创意，但在创作落地实施环节上，至少目前来说，AI机器人的机械手无法企及人手，在手作陶艺创作过程中，作品每一处都存有大脑运作下手的痕迹与温度，每一痕迹记录了手法上的千奇百怪、力度上的轻重缓急、走向上的东南西北，正是这林林总总的手与泥互动间烙下的印记，捕获了人类大脑、灵魂深处微妙的灵感、情怀与温度变化。换言之，每一件作品都是创作者(作为独一无二的人)的主体性思维的诠释；某种意义上来说，作品亦人，人亦作品，即孤品，加上后续的施釉与烧制，一半靠人一半靠天，更大层面上造就了作品的偶发性与不确定性；协同其肌理触感(甚至裂缝)、色泽等，手作陶艺俨然成了区别于批量化、模式化机械产品的天然存在，是审美力的有效显现。

也正是以上这些，陶艺融金木水火土为一体，外加 72 道脑手协作的工序，对艺术家来说，就像提供着某种未经任意加工的“粗粮”，饱含着第一手鲜活、多维度的营养价值，是（依靠现有资料生成作品）AI 的有效补充，更是由“道”到“器”的一站式直达，成品落地。

通过以上实例分析可见，正如之前提及的，科技革命大大驱动了艺术的进步。一方面，从目前意义上来看，AI 对艺术最初的创意提供了头脑风暴式的海量的案例呈现，可以说是跨越式的升级，无论质量与效率，都达到了前所未有的高度，及时搭上 AI“快列”，拥抱 AI，效果立竿见影；另一方面，从艺术实践过程来看，面对机遇与挑战，艺术家需要不断提升自身的审美和思想素养，将 AI 工具作为表达思想的媒介，而非依赖的全部。通过跨学科融合科技与人文，推动艺术的多元发展，只有这样，AI 时代的视觉艺术才可能在机遇与挑战之间找到发展的平衡点，真正实现技术进步与人类精神的共荣。

即使目前艺术家的最终成品是由人的主体性对 AI 生成稿的选择、改良，甚至手作落地实施，但不排除未来 AI 的进步真的出现所谓的奇点、最终反过来驾驭人类的可能性。

无论如何，世界的不确定性是常态，人类的灵感、情怀与温度这条底线如果最终被 AI 击穿，那么人类还能怎么样？生命只有一次，不妨勇敢、乐观地与 AI 共融，保持积极的人生态度以及坦然接受的平和心境总没错，即“每一个不曾起舞的日子就是对生命的辜负——尼采”。

三、人的审美力在视觉艺术中隐性显现与作为

在视觉艺术的浩瀚世界中，人的审美力往往不是以直接的方式展现出来，而是在作品的形式选择、意象

表达、色彩运用乃至观者情绪共鸣中隐性地展现作用，体现为个体在面对视觉图像图形、艺术形式和文化意蕴时所展现出来的感知、判断、欣赏与创造的综合能力。它是一种由感性体验与理性思考交织构成的心智活动，也是人类文化与精神世界的深层回声。正是这种审美力，使人们在纷繁的信息和图像中，能够发现其中的奇妙之处，分辨出美的存在，感知其中的情怀，洞察创意的亮点，并赋予作品以温度和灵魂。

这里谈到的美，不仅是指单一的圆满、祥和、惬意、绚丽等，或言之“好看”的那种常规美，还包括不少人甚至视之为“丑”的不同状态的其他美。例如，贾科梅蒂那乌黑、干枯、粗糙、扭曲、不完整的火柴人雕塑，这种远远脱离了传统意义上健美、和谐、光鲜等常规真人特征的作品，让人联想起的是死亡与灵魂，是本质而非表象，是一幅当人面对孤独、未知世界的恐惧时去追问人生的意义，去进行哲学思考的大美作品。美与丑之间从来没有绝对的界限，这个界限取决于审美者观察与思考的角度，取决于人的审美力的广度与深度。

审美力不是天赋使然的孤立感知，而是一种在历史积淀、文化浸润和个体经验中不断生长的能力。它对表面的形式美的敏感只是其一（如形态、线条、构图、比例、节奏等），更重要的是对形式背后的（气质、思想、风尚、隐喻、意境、情怀等）抽象思维的洞察与理解。在视觉艺术创作与欣赏中，审美力不仅影响作品的创意源头，也影响其接受方式。例如，同一件AI生成的图像图形作品，在不同的观者眼中可能呈现出完全不同的意义与价值，这正是审美力在解读过程中的主观参与。

具体来看，人的审美力在视觉艺术中具有几个主要的作用点，即独特的发掘、情怀的注入、创意的生成、温度的传达和人性的引导等。

第一，独特的发掘是人的审美力最突出的体现。人通过观察、感悟与思辨，能以其敏锐的洞察力捕获到事物最特别的部分，或者显露出其迥异的细节，能欣赏到常人不经意间可能忽略的、但活脱脱存在于其内的神秘的奇妙。

第二，情怀的注入体现了审美力对个体情感与文化情境的感知和表达能力。无论是水墨画中的留白，还是摄影中的瞬间凝固，都是人在面对世界时的主观回应。艺术作品之所以动人，往往不是因为它再现了什么，而是因为它唤起了什么，审美力在此处起到了一种转换效用，将内心情感转化为外在形式，从而在艺术中传达情怀与人文精神。

第三，创意的生成是审美力最为活跃的体现。在创作过程中，审美力引导艺术家打破常规、跨越边界，使视觉作品在形式与内容上不断创新。创意不仅是技术的组合，更是一种深层审美的律动，对特质的感知、对气韵的品鉴、对不协调的敏感、对意外美感的发现、对事物的重构，这些都是审美力的创意性体现。

第四，温度的传达体现了审美力在人文维度上的价值。在当代图像图形泛滥的背景下，视觉艺术超越视觉刺激，唤起人类共感，人的审美力，尤其是对细节、人情与生命状态的体察，使作品具有可感之温，而不是冷漠符号的堆砌，只有人的审美力的引导，才能呈现出温度和情绪张力。

第五，AI 艺术中的人性引导是当前视觉艺术讨论的一个新现象。AI 所依赖的是算法与数据，而非情感与判断，在这种背景下，人的审美力成为 AI 生成艺术作品的方向舵。艺术家通过训练数据的选择、美学标准的设定、图像图形筛选与再编辑等方式，将自身的审美倾向植入 AI 流程中，从而提升作品的人文含量与艺术深度，这是一种从生成美到选择美、从机械输出到人文导向的跃迁过程。

综上所述，人的审美力在视觉艺术中虽然是隐性的，但无处不在。它是一种深藏于心智中的文化触觉，也是一种激发创意、传递温度、引导技术的精神之力。在当今数字与 AI 时代，正是这种看似无形却极具能量的审美力，持续地定义着美的边界与未来。

1. 人的感触、认知、创意、评判

审美力作为人类独有的情感投射力，其内在结构可从“感触、认知、创意、评判”等几个维度加以解析。感触是审美的起点，是指人对外部图形刺激的感官反应，是情绪与感知通道的激活。认知则是感触后的理性加工，涉及对形态结构及文化背景的理解与解码。创意作为审美的能动性体现，体现人在图形艺术的形式突破与内涵再造中的主动参与，显示出对形式的个性化的解构与重组，也包含赋予图形审美以情感的深度，是审美体验中的内在共鸣与价值归属感，是人融入艺术的重要标识。评判则完成从主观经验到审美判断的升华，表现为对图形之美的综合判断力，既涉及形式美的理性评估，也涵盖文化与心理层面的审慎思考。这几个方面共同构筑了审美力的完整机制，使人能够在图形艺术中穿越表象、触及本质，既看见形，也感知意。

在这里特别强调一下创意。创意是使作品生发独特魅力的“发动机”，是艺术家突破传统、探索新形式和新内容的能力，其使作品具有吸引力。艺术家凭借独特的思维方式，将平凡元素转化为富有个性化创意的图形艺术，正如时下流行的个人辨识度或企业 IP，创意因“打破重组”的威力从而为图形艺术（其他如个人、产品、机构等趋同）提供独到的、全新的文化基因，也为观者、用户等带来迥异的生命体验。

如图 1-1 所示为作品《纸上的舞台》，水彩效果的图形是笔者在英国访学时创作的，将钢笔与芭蕾舞者共融，笔尖恰似舞者跃动的脚尖，纸上的舞台和演出的舞台都是舞台，虽形式不同，艺术表现的本质殊途同归。

可见，一方面，创意使钢笔与芭蕾舞者连体成一个极具个性化的有一定美感的新生命；另一方面，创意也

使其从深层透露出一个独特的思想，即无论芭蕾舞者还是手中画画的钢笔，虽然舞台不同，但都有着创造美好艺术的共通之处。

如图 1-2 所示的《错位的步伐》是受佐藤图形作品（男人趴在女人脚底）的影响，根据创意中一种常规方法“逆向思维”创作的图形。逆向思维并非单纯反叛，而是一种具有创造力的审美方法论，它强调从固有逻辑中出走、从视觉常识中逃逸，去寻找更具原创性、更贴近本质的形式语言。

佐藤原作是将男性呈现为类似于俯卧撑姿势被脚踩着，传达个体在强大权威面前的渺小、无力与受压迫感。而《错位的步伐》通过逆向思维，将女性置于构成鞋子的结构中，是对佐藤作品逻辑的对答式创作，创意上，通过“形象拟物”方式，将女性身体与高跟鞋整合为统一结构，形成了一种错位但具有逻辑的视觉语言。尽管这是一幅极具批判与反讽的图画，但它依旧散发出一种对柔性生命的悲悯的艺术情怀，女性闭眼躺卧的姿势，头发向前铺展如花，让人联想到沉睡中的美人或古典绘画中的静穆。这不仅引发对个体生命、性别处境的情感共鸣，也触发对美与牺牲、构成与被构成之间复杂关系的思考。

这幅图画既是对佐藤作品的逆向回应，也是一次关于图形主观性、审美结构与社会隐喻的视觉实验。它用身体的柔性构成硬质物，用女性的形象体现结构支撑，不只是看的艺术，更是想的艺术。

另外，人的创意、情怀与温度也体现在作品对细节的处理和对观众感受的细腻考量上，让作品更具有亲和力，拉近作品与观众之间的距离。

图 1-1 《纸上的舞台》

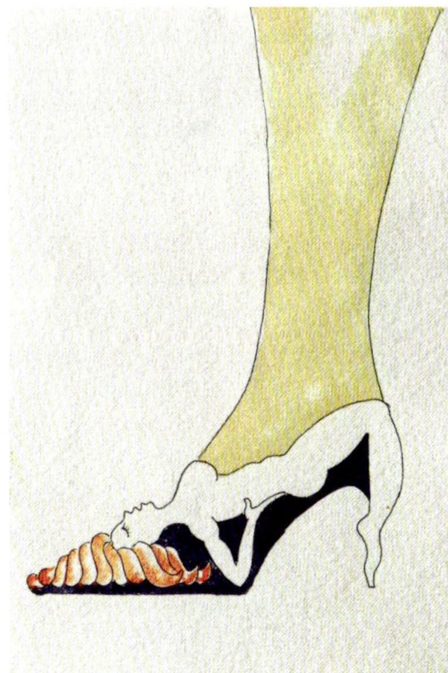

图 1-2 《错位的步伐》

图 1-3 《叶间飞鸣》

如图 1-3 所示的作品《叶间飞鸣》，其构思绝非偶然的灵感闪现，而是源于笔者自幼浸润于农村山水之间的生命体验与深层记忆。那一片片森林、一脉脉溪流，深深镌刻在脑海中，成为脑海中最质朴、最本真的视觉烙印，正因如此深沉的热爱，也随之出现了一种近乎本能的对自然生态的珍视与堪忧，越发敏感于人类活动所带来的破坏。

作品最上方戛然而止的细节设置——断裂，不只是形式语言的突兀处理，更像是一种寓言式的质问——“难道生命就这样结束？”这不是终点的描绘，而是一种对未来的隐忧，一种对生态命运的震撼式表达，也是笔者心中隐隐的不安与抗争。

整幅作品融合了记忆、情感与审美判断，是内在情怀的可视化表达，也是一种强烈的视觉哲思。它体现的是对生命本源的感触，对生态危机的认知，对未来可能的设问，以及那份无法割舍的人文情怀，正是这些复杂而深刻的心理动力，共同构成了作品的精神内核，也正是审美力在“感触—认知—创意—评判”维度上的真实演绎。

2. 人的审美力作用于 AI 生成作品的路径

随着人工智能技术的不断深入，AI 在视觉艺术创作中的角色也变得日益重要，在这个新兴的创作境况中，艺术家如何有效地引导、调控和赋予 AI 生成的作品，使其更具艺术价值，值得深究。

在 AI 辅助的艺术创作过程中，艺术家的第一步通常是明确创作的主题、关键词或风格。这一环节不仅关乎作品的内容定位，还直接影响到 AI 算法的生成方向。例如，艺术家可以选择以某一特定文化元素、历史时期或艺术流派作为主题，输入相应的关键词或描述，指导 AI 生成符合预期的图像或设计作品。如果希望创作一幅具有东方神韵的水墨画风格的作品，艺术家可以在输入中强调“水墨”“山水”“意境”等关键词，确保 AI 在生成过程中充分体现这些元素，这种方式实际上是艺术家在与 AI 展开一种合作对话，用自己的审美和创意设定“命题”，让 AI 成为实现这一命题的工具或助手。

然后，艺术家还可以通过调整关键词的细节和组合，影响生成作品的细节表现。例如，选择“柔和的色调”“动态的线条”或“抽象的构图”等描述词，进一步细化作品的风格特征；又如，艺术家可以通过调整生成算法中的“随机性”参数，以控制作品的创新程度和细节复杂度；或者通过改变色彩饱和度、对比度、亮度等参数，塑造不同的视觉氛围。

艺术家还可以利用多次生成和筛选的方式，逐步优化作品。例如，首先，让 AI 生成多个版本的作品；其次，根据自己的审美和意图，挑选出最符合预期的几幅；再次，进行细节调整或合成；最终，形成一幅较高水准的作品。

完成创作后，总结在审美构思、提示词设计、AI 工具运用等方面的经验和不足，继而将审美评估的结果和改进建议反馈给 AI 系统，帮助其优化算法和模型，从而使其更好地理解和满足人类的审美需求，反复反馈和优化可以让 AI 生成的作品逐渐靠近人的意图。

AI 生成的作品虽然在形式上可以达到高度逼真或复杂的效果，但它们往往缺乏深层次的人文内涵和情感温度。艺术的本质在于传递情感、表达思想和反映文化，而这些素养都深深根植于艺术家的文化背景与审美力中。

如图 1-4（a）所示是一幅原始的兔子图片素材，笔者以这张图片为创作的源头，输入给生成式 AI 软件，即 Midjourney 控制体系，初步给 AI 输入“快乐的兔子”及“图形设计”主题词，使 AI 用本身的逻辑表达兔子的快乐，得到一个算法生成的符合自然生长逻辑的、绒毛肌理的兔子图像，但从图可见，AI 只是将“快乐”以温饱的浅层次需求来表现，即它理解为兔子抱着胡萝卜而饱足的形象，而且动态拘谨。因而接下来需要进行优化，考虑到“情怀投射”不足，先输入“动作幅度大一些”等指令来增强兔子欢快的动态表达，因此有了兔子两只手臂抬高、双脚站距扩大的新图，继而兔子逐渐往“快乐”靠近。在作为“内容”的情绪上优化的同时，希望“形式”上同步变得简洁一些，于是输入“兔子转变成线性”及“黑白”等指令，得到的兔子虽然从三维逐渐向二维靠拢，但兔子形象一半三维具象、一半二维抽象，形式语言混乱，头颈姿态与表情及抱头的动作仿佛变成了烦恼。继而输入“将兔子变得更抽象”等创作指令，得到的效果是兔子形态识别度明显降低（其两只耳朵还具有兔子特色），很难识别出兔子来（因形式语言单一纯粹、大气且因抽象给人更多想象的空间，所以 AI

（a）

（b）

（c）

（d）

（e）

（f）

图 1-4　任钎棉　杨晓金《快乐的兔子》AI 生成

的运用，有时会产生意想不到的惊奇），但该作品如果作为大众审美商业推广，则因识别度太弱很难被大众理解与接受，继而又做了一些诸如“兔子识别度加强”及“快乐的表情”等指令，但由于 AI 系统表达能力有限，常常顾此失彼，一边进展的同时又夹带出现了其他意想不到的干扰，始终难以表达具体细微的变化，因此只好加入笔者自行进行的手工调整，从而得到最终的这个基本符合快乐的兔子的模样。

通过以上实例可见，在 AI 广泛介入视觉艺术创作的过程中，人的审美力在 AI 生成作品的路径中不仅没有被削弱，反而逐渐成为一个更具引导性、判断性与价值赋予功能的核心变量，它不再只是对结果的被动接受，而是在创意触发、路径选择、风格确立、文化内涵及精神表达层面，持续作用于 AI 的算法机制、内容建构与形式演化过程中，成为人机共创中的审美引擎与意义赋形者，越是高度自动化的生成过程，越需要人类的审美判断作为“最后一公里”的决定性力量，AI 提供可能，人的审美力决定方向，人的主体性不仅体现在创作中，更体现在对结果的选择、评估、修改中。

而这一过程很大程度上正是通过人类深厚的历史积淀与哲学思辨所构成的复杂系统实现的。历史不仅提供了视觉语言的演变脉络与文化符码的生成源头，也提供了风格、形式、材质、媒介等多维语素的可调用资源，使 AI 生成在与人互动的过程中不仅可以在形式上多样、风格上融合，更能在文化肌理与语义指向上具备深层结构的合理性与美学说服力；而哲学提供了对“美的本质”“形式与内容”“精神与物质”“理性与感性”等终极命题的深层反思，使 AI 生成不只停留在图像合成的层面，而且能通过人的引导，将作品提升为一种兼具思维张力与情感厚度的视觉表达，其路径或许是从算法与模型的基础逻辑出发，但其真正的灵魂仍然来源于人对意义的建构与精神的投射。

这一过程中人的审美力并不是固定的标准，而是一种不断流动的敏感机制，是对图形背后精神象征、文化逻辑与情感秩序的主动辨识力与引导力，从而使 AI 生成的作品不再是数据的堆砌与拼贴，而是嵌入语境、具备历史深度与哲学结构的当代表达。正是这种复杂路径构建中的“人的审美力”，构成了 AI 艺术实践得以超越工具性、进入真正的创造力维度的关键前提。

总之，审美力的决定性因素是人，具体体现在人的综合感受、认知、评判的高低，一个高审美力的人能在审物、审己的基础上懂得丑、洞察阴、体悟残，从而迸发改进这一切的觉悟与冲动。审美是一种精细，在很多极相似的物品之间，能看出某一个东西的差别。我们要去发现、去感受、去深挖身边一切的、不同的特色，将其贯穿于自己的行为点滴，养成自己的审美情趣。

第二章　图形艺术审美概述

一、图形与图像审美的差异性

在当代数字文化语境中，图形与图像作为两种视觉表达方式，分别展现出其审美功能的差异性与互补性。图像，通常被认为是对现实的再现，是一种对世界之眼的记录；而图形偏向于主观的表现，是心之眼的描绘。尤其是在数字、媒体、艺术和设计创新的领域，这种差异性构成了当代表现性与纪实性之争的基础。在人类文明发展历程中，人类对世界的理解不仅停留在对现实的复述，更是通过想象、审美与技术不断突破可见现实的边界，展开对梦境、潜意识乃至未来世界的探索。

图形艺术作为视觉文化的重要组成部分，广泛存在于平面设计、品牌标识、信息可视化、插画及传统装饰艺术中。它以点、线、面为基本元素，通过构成、排列、变形与抽象等方式表达信息与情感。在图形艺术的审美体系中，审美感知不仅来自视觉刺激，更来自符号意义的解读、形式美的感知及文化经验的积累。在此背景下，深入探讨图形与图像的审美差异，有助于人们更精准地理解当代视觉设计中形式与内容之间的互动机制。

首先，图形审美强调形式逻辑与构成美感。图形（graphic）通常具有较强的抽象性和符号性，它以视觉秩序、节奏、比例、对称与平衡等构成原则为核心。图形的美感往往来自形式的统一性与变化性之间的张力。例如，Logo设计中的几何构成、传统纹样中的对称排列、字体中的结构美，都是图形美学的体现。

相比之下，图像审美更偏向具象表达与情感唤起。图像（image）大多指向对现实的再现或模仿，如摄影、写实绘画、数字影像等，其美感建立在再现真实、构建意象、营造氛围的基础上。图像的审美体验往往更具有情绪性、叙事性和沉浸感，观者更容易在图像中投射自身经验，引发共鸣。

其次，从文化语境与功能目的来看，图形更偏向于表现性与识别性，而图像更倾向于再现性与纪实性。图形多服务于信息传达、品牌识别、视觉引导等；而图像多用来营造某种具象情境或情感氛围。因此，图形审美更强调如何清晰、简洁、有效地传达出以人为转移的主观意义；而图像审美关注如何丰富、细腻、有情感地还原较客观的实情。

在数字时代，虽然图形与图像这两者的边界日益模糊，图形的叙事性在增强，图像的抽象性也在拓展，二者在当代表达中不断融合，但从根本上讲，图像之美偏理性与真实，图形之美偏感性与想象，这两种视觉语言在审美体验层面的核心差异一直没变，也正因为其核心差异的不同，才构成了它们之间表现世界的互补性，分别扮演着不同的角色，以及承担着各自的职责。理解这一点，有助于我们在艺术与设计创作中，更精准地把握视觉语言的审美取向与表达策略。

（一）图像的纪实再现性

图像通常承载着“被看见”的责任。在摄影、纪录片、自然观察等领域，图像以忠实地再现现实为目标，强调对真实世界的直接捕捉。例如，BBC 纪录片《蓝色星球》和《动物世界》，都是通过高清摄影与真实声音的结合，使观众置身于自然之中，使生命本源与世界万象产生震撼性的美感体验。

这种审美方式属于“发现美”，即人类通过媒介发现世界之美的存在，这种美是自然赋予的、人类解码的。法国哲学家加斯东・巴什拉（Gaston Bachelard）曾说：“世界从不缺少美，缺少的是发现美的眼睛。”图像正是作为这种眼睛的技术延伸，让不可见变为可见、让遥远变得亲近。纪录片《人类星球》展示了世界不同生态中人类与自然共处的方式。无论是捕鲸的因纽特人、沙漠里的贝都因人，还是海上漂泊的印度尼西亚渔民，其生存场景以极度纪实的图像展现出来，观众不仅看到了人与自然的真实互动，也体验到了一种存在之美。

既然世界本来存在着无穷的图像之美，“缺少的是一双发现美的眼睛”，那么行动起来，探寻美、拥抱美，并不需要从高深复杂的理论开始，审美力的提升就在人们的日常中，大自然蕴藏着难以想象的丰富、真实的美学资源，它是取之不尽的宝库，藏着无数微妙的细节和感动，用眼睛去观察，用手去触摸，用耳朵去倾听，用鼻子去嗅闻，和自然零距离地接触，无论是微观的细节，还是宏观的整体，都值得我们用心去洞察，只有在这种深度的感知中，审美的内容、情感才会变得更丰富、更有层次。人只有走近自然，才能真正打开感官，重新找回对“美”的敏感。

如图 2-1 所示为《石楠叶记录》，每一片叶子都是笔者在山林中捡到的。同一种树落下的叶子，但它们的形状、颜色、状态各不相同。有的像兔唇一样裂开，有的半边枯萎、半边鲜活，有的细长整洁，有的卷曲破碎，每一片叶子都是一个独立的生命体，带着自己的节奏、痕迹和故事。

它们不只是“叶子”，更是一种安静而真实的生命痕迹。就像有句话说的：“一个人如果能注意到一片落叶的美，就不会轻易被生活所击退。”因为哪怕是小小的一片叶子，也满怀生机与光芒，散发着温暖和力量。

所以这组作品，不只是简单的拍照记录，更是一次情感的觉察和对美的追寻。品鉴大自然中的这种细微的差异性与独特性，让人不由得惊奇大自然的鬼斧神工，对其迷恋之间也饱含敬畏之意。这些叶子与一个个的人没什么两样，都有着自己鲜明的生命状态，都值得被看见，都在以自己独有的方式美着这个世界。

提升审美力，回归自然无疑为最简便又最具有价值的方式，去看、去感受、去理解、去想象。这种美，不在远方，就藏在脚边。

图 2-1 《石楠叶记录》

另外，笔者所理解的“写实性油画”从某种意义上来说也兼具图像发现之美的显著特征（虽然绘画与摄影有着天壤之别，在这里不做赘述）。

如图 2-2 所示为《木工工具 · 墨斗》，这幅写实性油画作品清晰展现了笔者在大学阶段受“写实风格”主导的艺术训练所形成的审美取向与表现方式。画面中竹木结合的器具、纸张、工具等物体细节真实细腻，光影处理准确自然，体现了笔者在这一阶段对物象的深入观察与忠实再现，展示了写实绘画在表现物体形态、细节等方面的独特能力，也为笔者在不同艺术领域的探索做出了必要的“细致观察”的铺垫。写实具有不可取代性，即使是图形设计等表现性艺术领域，写实的精准描绘能力有时也同样颇具裨益。笔者因后续客串设计等其他门类的艺术实验，深刻认识到再现式写实只是广博艺术领域的一个分支，艺术世界的浩瀚，毫不夸张地说，天有多宽，艺术就有多深，其也成了人类精神寄托与尽情徜徉的无边世界。

图 2-2 《木工工具 · 墨斗》

然而，图像的再现性并非仅仅是对现实的机械复制，艺术家们在创作的过程中，多少会融入自己对现实的主观理解和情感表达，这种主观性使图像不仅是一个简单的视觉记录，也是一个充满情感和思想的视觉传达工具。

进入20世纪，随着摄影技术的发展，图像的再现性达到了一个新的高度。摄影作为一种机械复制的媒介，能够以极高的准确度捕捉瞬间的真实场景。例如，著名摄影师亨利·卡蒂埃·布列松的《巴黎街头》系列，捕捉了城市生活的真实瞬间，展现了日常生活的真实面貌。摄影作品通过瞬间定格，展现了人物的表情、动作和环境的细节，成为现实生活的真实写照。另外，摄影作品也被用作新闻报道和社会纪录，这些照片不仅具有高度的再现性，还引发了公众对社会问题的关注与反思，摄影的再现性，使观众能够直观感受到现实的真相，从而激发情感共鸣和社会责任感。

在当代艺术中，图像因其再现性依然是重要的表达手段之一，但其表现形式更加多样化。数字技术的发展使艺术家可以通过计算机图像、虚拟现实等手段，创造出逼真甚至超现实的视觉效果。如数字艺术家利用三维建模和渲染技术，重现了敦煌文明的场景，既保证了高度的逼真，又赋予了作品新的表现力，尤其是当下AI生成技术的加入，再现技术又上了全新的台阶。

也有人认为，过度追求逼真可能会限制艺术的表现力，某些艺术流派，如抽象表现主义，更强调情感和思想的表达，而非对现实的真实再现。这表明，图像的再现性应在逼真与表达之间找到平衡，既能传达真实，又能表现艺术家的独特视角和情感。

（二）图形的主观表现性

图形是指由线条、色彩、结构组合而成的可视化语言，它的最主要功能往往不是忠于现实图像的还原，而是强调思想、感受、心理、记忆、幻想等主观因素的表达。它更多是表现的艺术，而非再现的技术。

与图像不同，图形的目标不是复刻世界，而是创造世界，它不拘泥于物理实景，而以心理构图、象征、隐喻等方式呈现意图性图式，这使图形成为人类想象力与审美力最为自由的容器，这种审美不再是“发现美”，而是“创造美”，观者被邀请进入艺术家的梦境空间，与之共鸣，这种共鸣激活了人类自身的审美力——一个既内在又能动的能力，它推动人类从物理世界跃升到心理世界。

在当代视觉文化快速更迭的背景下，图形作为视觉传播、文化符号与审美表达的核心形式之一，逐渐从功能化、理性化的传达工具，转向具有高度主观表现性的视觉语言，特别是在平面设计、插画、品牌识别、视觉叙事等领域，图形不再是中立的、冷静的符号，它开始成为人类情感、思想、态度乃至审美个性的载体，在这一转变中，人作为图形创作与解读的核心主体，主体性与审美能动性显得尤为关键。

如图2-3所示的作品《豆荚里的朋友们》是笔者2012—2013年（英国访学那一年）构思的一系列图形作品之一（本书的后面会继续分享）。

图 2-3 《豆荚里的朋友们》

哪怕是一颗普通的毛豆，当它脱离毛豆的既定认知，进入艺术创作者的思维之中时，也许就不再是人们所熟悉的那颗豆荚。它可以是生命的胚胎、未来的种子、宇宙的缩影，甚至是时间暂停的隐喻。“毛豆只能是毛豆吗？”这不是简单的质疑，而是一次对符号命名权与审美转化机制的挑战。

图形语言的魅力在于，它赋予每一个平凡事物以重新定义的可能，使人们从视觉的被动接受者，转变为意义的主动建构者。在这个过程中，艺术家以审美力为驱动，调动感触、认知、创意与情怀，不断拆解世界的固有结构，重组出一个富有张力的表现新域，这也是图形语言相较于图像语言更富有探索性和想象性的根本所在。

在图形的主观表现性中，标志设计、象征图形、吉祥物甚至包括字体设计等（如汉字，本身来源于图形般的象形文字）无疑是图形语言最具代表性的门类。

其中，标志作为高度凝练的视觉符号，往往融合了多重语义、文化隐喻与形式美感，是内容与形式综合建构的产物。尽管标志表面上看似是远离现实对象的具象再现，实则更贴近其内在本质与精神指向。正因如此，标志设计作为图形语言的集中体现，不仅是一种浓缩的艺术，更是在有限空间内展现艺术家综合素养、审美修养与表达能力的最佳载体之一。在标志的图形表达中，个体经验、文化意涵与心理感知往往以抽象的形式呈现，这种抽象表达本质上具有极强的主观表现性，能够突破具象语汇的局限，将复杂的情感、理念与价值以最简约而富有张力的方式呈现出来。艺术家在其中通过对点、线、面、形、色等基础视觉元素的精确控制与创造性重组，实现了标志从个人心象到集体识别的转化，既呈现出独特的个体风格，也承载了文化语境下的符号传达功能。

从内容意蕴的建构来看，标志往往承载着企业、机构、地域、民族甚至个人的身份认同与精神气质，它是一种视觉化的话语，也是一种超越文字的文化编码。艺术家需要在深层的文化心理与抽象的视觉语言之间建立桥梁，使观者在瞬间的图形识别中感受到内在的价值认同。这种转化过程，既需要文化学视野，也需要心理学与美学的综合把握。

从形式语言的演绎层面来看，标志设计强调视觉语言的秩序性与个性张力的平衡。设计者需要在结构与节奏、对称与反对称、静态与动态的关系中找到恰当的表达方式，使图形在静止抑或运动状态下呈现出丰富的视觉动势与心理引导，如色彩的搭配、线条的节奏、负空间的运用，都成为激活图形表现力的重要手段，这些形式元素的组合，不是简单的视觉操作，而是一种情感逻辑的传达方式，反映出设计者对于形式美的理解程度和图形建构的哲学立场。

从审美机制的运作逻辑来看，标志作为浓缩成“最小单位”的视觉表达，其审美体验却是高度开放与流动的。它既可以在理性的层面被分析和归类，又能在感性的层面引发情绪波动与文化记忆的回响。在如今这样一个图像图形泛滥的时代，真正打动人心的标志并非完全依赖视觉的惊艳，而是依赖其深层图形结构中的象征系统与文化情感之间的微妙互动。这种互动既是设计师有意为之的构建，也是观者在认知与情感双重路径上的再发现。

标志作为企业、团体、活动、产品、个人等的特色鲜明的识别性 IP，它的个性永远放在第一位（注册商标之所以能够通过注册，最主要是因为它的唯一性），这需要艺术家对标志发展史（各类标志案例）有着足够的记忆存量；否则，虽然自我感觉是原创，说不定已经有类似的标志图形先例尘封于历史的角落中，即一不小心就“撞车”了。

所以，标志作为浓缩的艺术，对艺术家的审美要求是全方位的，标志设计通过最小化的图形组合最大化信息与情感的表达效力，体现了“少即是多”的极致智慧。标志所构建的，不仅是一个可视化的形象，还是一种艺术哲思的实践现场，更是一种以图形为媒介的文化语义系统，也是对图形艺术表现力的集中锤炼与审美机制运作的典型范式。

如图 2-4 所示的标志设计作品为笔者多年前服务社会而设计的。下面对其中几个加以阐释。

其中，笔者曾经与浙江万马篮球职业俱乐部合作，为他们做了几个标志图形（包括最终被采纳的），这里分享的是作者比较喜欢的另一个作品。马的身姿矫健，散发着力量与速度，加上深色，更赋予了马威武与神秘，倾斜且透视的文字设计，营造出由近至远的动视效果，偏横向的背景与直立逆向的马形成

图 2-4　标志设计作品

鲜明对比，这种对比不仅丰富了视觉层次，更强化了标志的独特性，凸显出马儿逆势而上、冲破阻碍的气势。

又如，南昌专注于生活用纸的企业。设计的核心元素是纸张，通过三个纸张造型的次序来呈现，纸张的形态设计得柔软而富有动感，传达出产品柔软的特质，同时也呼应了环保的理念；这三个纸张造型并非静态摆放，而是向上展开，轻盈地舞动，寓意着企业积极向上发展的态势；纸张的线条流畅自然，给人一种飘逸感，传递出产品使用时的顺滑与惬意，也象征着产品能为使用者带来健康、舒适、欢快的生活体验。在设计手法上，运用了从面到线、再到点的表现方式：面的运用，构建出纸张的基本形态，赋予其体量感与存在感；线的勾勒，强化了纸张的轮廓与动感，使其更具有生命力；而点的点缀，则成为视觉焦点，起到画龙点睛的作用。这些元素相互交织、配合，如同交响乐团中的各种乐器，各自发挥着独特的作用，却又和谐统一，共同奏响视觉的乐章。

为上海恒广传媒有限公司在设计企业标志时，“恒”字成了灵感的核心源泉。这个字让笔者立刻联想到恒星，中心的红点，如同炽热的恒星，它们在宇宙中散发着永恒且强大的能量，象征着持久与无限，那围绕中心的圆环、灰色的笔触，好似宇宙中的星云，仿佛是恒星周围的行星轨道，象征着秩序与永恒。

1. 人的主体性

“主体性”这一概念源于现代哲学，特别是胡塞尔、海德格尔、萨特等的现象学与存在主义哲学传统，它指的是个体在世界中的能动地位：人不是被动地存在，而是能动地构建意义、创造价值的中心。在视觉艺术中，主体性体现为个体创作者对形式的把握、对图形语言的定义能力，以及对现实的主观转译。

图形的主观表现性正是人的主体性在视觉语境中的外显。例如，在构成设计中，线条的粗细、点的密度、色彩的选择、构图的节奏，都不是随机行为，而是艺术家审美意图的表达，是主体意志的视觉投影。即便在使用数字工具和 AI 辅助生成图形的背景下，最终的“选择”“删减”“微调”也深深地嵌入了人的审美判断与意识表达。

人在图形创作中的主体性，并不局限于个体层面，它还深植于文化认同与社会语境中。每一个图形语言系统，都是文化价值、意识形态、美学观念的结晶。例如，中国传统图形语言中的纹样美，往往体现出一种天人合一、礼乐秩序的哲学观；而当代设计师在复兴这些图形符号时，往往以个人化、情绪化、实验性的方式解构与重构，这种行为本身体现了从文化共享到主观转译的主体转向。

如图 2-5 所示为姓名图形设计系列之一，是笔者参与研究生（线上）面试时的真实选题，考生需在十分钟内根据自己的名字创意一个图形草图，要求在简洁与保持名字可读性的同时，有基本美感和内涵。在一边观察他们创作的同时，笔者也与他们同步在稿纸上逐一构思勾勒。在整个艺术设计流程中，人的主体性始终起着关键性效用。

例如，给“小涵”同学画的这张草图的思维逻辑流程如下。一、首先从思想内容角度：①整个人看起来像她名字一样含蓄内敛且温和，既然要求是图形设计，从而想到羞答答的脸可能是最佳的捕获其特征的、既简洁又明了的切入点；②与此同时，思维焦点转换到她的名字，即“小涵”二字与一张羞答答的脸能够巧妙且合理地浓缩同构一处；③需保持名字可读性，一方面需要保证“小涵”二字在破坏与重构时，必须保持一定的清晰度，另一方面从观者习惯的视觉流程角度来看，“小涵”的可读性不能倒置为涵小，必须左右顺序或上下顺序。二、其次从表现形式角度：①小涵是女孩，又羞答答，点、线、面不宜太方直与僵板，即有一定曲度的线更吻合；②整个图形宜平稳、庄重，而不是倾斜、动荡，才会更好地体现含蓄

图 2-5　姓名图形设计系列之一

（通常也文静）的内涵；③闭上的双眼与微微上扬的嘴角来进一步凸显含蓄与温柔。

不难看出，设计创意的过程也是创作者心理微妙情感碰撞与精微尺度把控的过程，同时也是换位思考理解观者的回应习惯与心理反应的过程。这种反应往往是灵性与抽象的，也是动态的和交互的。

容乐同学的“容”字让笔者自然地想到了“面容”表情，加上乐字，继而得到快乐的表情，即一个笑脸——谁的笑脸呢？传统意义上，老年人抱孙子为典型的天伦之乐，“容乐”两个字，如果“容”为老人的笑脸，“乐”自然是小孩，老少簇拥一处，其乐融融。然后从形式美感角度进一步探索，“乐”字的字体结构做成笑脸不易，那就变通，发现“乐”的一撇一捺与人物的两只手一致，从而“乐”字与小孩的全身动态同构比较适合。接下来看整体的协调性，两个形态迥异的元素并置一处，协调性需要进行调整，俗话说“万绿丛中一点红”，两个强对比色彩，改变二者面积份额，一多一少可以得到些缓解；形与形之间亦然，于是“容”字面积占主体，“乐”为辅，与此同时，“乐”字尽量纳入“容”的轨迹顺着“容”环绕旋转，即笔画方向上尽量被“容”字磁铁般吸附着，如此，二者进一步得到融洽。

“瑞仙”同学的这两个字，第一感觉就是仙气飘飘、祥瑞，大脑立刻给文字寻觅对应其的相关形态，“祥云”映入脑海，继而“瑞仙”与祥云碰撞交叉、磨合发酵，最终达成二者相映成趣、完美融洽。

2. 人的审美能动性

传统美学往往强调审美是一种感知行为，即观者接受外在美的刺激，产生愉悦感受。但在当代美学尤其是现象学、接受美学与交互理论中，审美被视为一种参与性活动。观者并非纯粹接受意义，而是在审美过程中重构意义、投射经验、生成联想。

图形艺术作为一种非再现性且相对抽象化的视觉语言，更容易促发观者的能动解读。一个简约的几何图形可能因为观者的文化背景、心理经验、审美偏好而生出不同的理解。例如，一根斜线可能被理解为速度感，抑或被理解为不安定，而在某些其他特定文化语境中又可能是断裂或转折的隐喻。

在图形艺术中，意义的生成不再是创作者赋予到观者接收的线性结构，而是创作者、媒介、观者这三者共同参与的生成机制。尤其在互动媒体与 AI 生成艺术中，观众甚至可以参与到图形生成的过程中，实现审美经验的即时反馈与图形表现的实时调控，这种机制强调审美的社会性与动态性，而不是静态的、封闭的形式系统。

图形的主观表现性，不仅让图形艺术充满生命力，也不断刷新我们对视觉文化的认知。从人的主体性到审美能动性，图形成为连接创作者与观众、传统与未来、技术与人文的媒介。它是一种语言，也是一种情感；它是一种理性构建，也是一种感性流动。在未来的艺术设计实践与视觉文化研究中，如何理解和激发人的主体性与审美能动性，不仅关乎艺术设计语言的创新，更关乎人们如何在数字浪潮中保有自我，重申人的价值，赋予图形以思想与温度。

（三）人的审美力与图形的梦境

奥地利心理学家弗洛伊德曾提出，人类的意识只是冰山一角，而潜意识蕴含着大量未经觉察却驱动行为与想象的动力。他指出，梦境是潜意识的语言，是人的欲望、焦虑、未竟想法的变形呈现。人类的审美力往往是这一潜意识的产物，它连接着理性与非理性、现实与幻想。正是这股审美力，让图形成为梦境的出口。人通过图形，将潜意识中的情感、记忆、愿望和恐惧转化为视觉形式。这种创造性的表达，不仅补足了图像所缺乏的主观性，也构建了超现实的审美空间。

人的审美力是人类心灵深处最为隐秘而强大的能力之一，它不只是对“美”的被动接受或评判，更是创造力与想象力的源泉。而当图形作为视觉艺术的基本元素与人类审美感知发生互动时，一场关于意义、情感与梦境的深层对话便悄然展开。图形不仅是对现实的还原或抽象，它常常脱离客观物象的物理逻辑，进入到一种超现实、心理化甚至梦幻般的表现中。这种图形在视觉艺术中的主观表现性，成为梦境化视觉经验的触媒。梦境，不只是睡眠状态下的意识显影，更是一种象征性与非理性交错的视觉想象力机制；它与审美力共同织造出图形艺术中的隐喻、暗示、情绪与意义。

这种梦境般的图形具有超越现实的奇异性和神秘感，打破了传统现实主义的限制，创造出富有想象力和象征意义的视觉空间。梦境作为人类潜意识的载体，是心理学和艺术理论中重要的研究对象。它不仅反映了个体的内在冲突、欲望和恐惧，也展现了对未知、神秘和超自然的追求。

在艺术史上，超现实主义作为一种强调梦境和潜意识的艺术流派，为图形梦境化的表现提供了丰富的实践案例。超现实主义画家雷尼·玛格利特和萨尔瓦多·达利便分别以其独特的方式去捕捉心中的梦境。雷尼·玛格利特相对内敛一些，他善于观察生活中的真实场域，并在基础上展开梦的翅膀，创作出极富哲思的作品；而萨尔瓦多·达利更多地对应了弗洛伊德的梦的解析，将他潜意识中的隐秘思考得以展现。正如其代表作《记忆的永恒》，作品中融化的钟表成为梦境中时间扭曲的象征，表达了对时间的相对性和人类记忆的脆弱性。流逝的时间无法被控制，反映出人类对永恒和不变的渴望与焦虑。而蚂蚁在画面中的出现，则可能代表生命的短暂和无常，暗示生命的脆弱和易逝。这幅作品以冷色调为主调，传递出冷静、孤寂与虚幻感，契合超现实主义追求的潜意识梦境氛围。

“人的审美力与图形的梦境”这一命题揭示的不仅是视觉艺术的美感问题，更是关于人如何通过图形通道通向内心世界的哲学问题。审美力让我们在图形中读出心灵的语言，而梦境则是这场阅读中的灵魂化影。图形的梦境不是逃避现实，而是建构意义、抚慰心灵、扩展认知的一种方式。它是审美力在可视领域中最柔软也最具力量的形态。在未来的文化创新中，如何重新理解并激活人的审美力，使图形成为更有情感深度与梦境厚度的表达语言，将成为人们面对AI、美学与人类精神世界的重要课题。

如图2-6所示作品《钓鱼？》。钓鱼是时下大众在日常生活中介入比较多的一项兴趣活动（早些年钓鱼更主要是为了解决生存温饱问题）。如何在一个司空见惯的普通的事物中发现美？既然“艺术来源于生活”，如何来源？必须借助审美力之高“敏感”的神经触觉，去感知、去思考，以至于去解构、去重组，即闭上眼睛借助审美力进入自我编织的梦境，在梦里遨游、在梦里陶醉，于是便有了对“钓鱼还是钓鱼吗”的深思，是人钓鱼还是鱼钓人？换言之，是庄周梦蝶，还是蝶梦庄周？可见，人的审美力可以通过造梦实现一种超越现实的富有想象力和象征意义的视觉空间。

二、图形艺术审美历史与演变

图形艺术的发展可以说是与人类社会的历史发展环环相扣的。在人类的文明史中，图形是先于文字产生的，可追溯到史前时期，人类主要通过岩画和洞穴壁画来表达思想、记录生活。最早的岩画多出现在欧洲、非洲、澳大利亚等国家和地区，如法国的拉斯科洞窟壁画、西班牙的阿尔塔米拉洞窟壁画，这些画不仅是早期的艺术表现，也是人类文化和宗教信仰的重要信息载体。古埃及的壁画和浮雕以写实风为主，其象形文字作为一种图形符号系统，既是沟通的工具，也是文化的象征。古希腊和古罗马时期，图形艺术更强调人体比例、透视和空间表现，体现了人文主义精神对人的关注，古罗马的壁画则通过丰富的细节和空间布局，展现了当时社会的繁荣与多样性。中世纪的欧洲，图形艺术多以宗教为主题，成为教会传播教义和信仰的重要手段。彩色玻璃窗、手抄本插图和教堂壁画，中世纪的图形作品具有高度的象征性和装饰性，强调视觉的震撼力和精神的引导作用。15 世纪至 16 世纪的欧洲，迎来了文艺复兴运动，艺术家们在继承中世纪传统的基础上，融合了科学的透视法、解剖学知识和古典文化元素，推动了图形艺术的巨大飞跃，达·芬奇、米开朗基罗、拉斐尔等大师，通过精湛的技艺，创造出具有高度真实感和艺术价值的作品。19 世纪末至 20 世纪，工业革命和科技进步带来了社会的巨大变革，艺术也迎来了多样化的发展，现代艺术运动的兴起，使图形艺术呈现出丰富的流派和风格。例如，表现主义强调通过夸张和变形的手法，表达强烈的情感；超现实主义则探索潜意识、梦境和幻想世界，创造出奇幻而神秘的视觉形象。20 世纪中叶后，图形艺术进一步走向多元化，波普艺术代表了大众文化的崛起，强调色彩的鲜艳和图像的简单，反映了现代社会的消费主义和媒介文化。

图2 6 《钓鱼？》

当代图形艺术受到科技的深刻影响，呈现出前所未有的多样化和数字化特征。计算机、虚拟现实、增强现实等新兴技术，为艺术家提供了丰富的创作手法和表达空间；数字绘画、3D 建模、交互式装置等，打破了传统二维平面的限制，推动了多维、多功能的艺术发展。在多元文化背景下，全球化使不同文化元素融合，形成了丰富多彩的艺术风貌。同时，AI技术的应用，为图形艺术带来了创新的可能性，通过深度学习和算法生成，艺术作品的创作变得更加高效和多样，其为未来的艺术发展提供了无限可能。

回顾人类文明的长河，图形艺术从最初的岩画到现代的数字媒体，始终是人类表达情感、记录历史、探索未知的重要手段，它不仅反映了社会的变迁，也推动了文化的繁荣与创新。在未来，随着科技与文化的不断融合，图形艺术将继续以其无限的创造力，丰富人类的精神世界，推动文明不断前行。

三、AI时代图形艺术审美的新现象及应对

图形艺术一直是人类视觉表达与审美经验的重要载体，它跨越了绘画、设计、雕塑、建筑等多个领域，在文化传播与社会心理中发挥着深远影响。随着人工智能（AI）技术的高速发展与广泛应用，图形艺术正进入一个前所未有的智能创作阶段，AI图形生成模型，通过文字提示生成复杂、多样、海量的图形，加上风格迁移与图形拼接技术，图形生成速度指数级提高，创作门槛大大降低，这一变革既引发了艺术语言的拓展，同时也带来了图形冗余问题。从目前来看，大量图形虽花式多样，但普遍缺乏深层意图或文化逻辑，审美的独特性与深度面临稀释，同时也带来了关于原创性、审美主权、人机关系等全新议题。

AI图形生成的底层逻辑是文本到图形，即通过关键词、短语、句子等语言描述生成图形。这种语言先行的创作方式，打破了以往图形构思从“形”出发的路径，将图形生成转化为语义映射，强调符号联想而非图形构建。这导致出现如下多种现象。

（1）图形审美趋于概念化、符号化。语言能力对视觉生成质量产生决定性影响，使图形创作者面临从语言到审美的倒置逻辑挑战。

（2）原创性与数据挪用的模糊化。AI图形往往基于大规模训练数据生成，可能包含大量来自已有艺术家的作品风格或内容的学习模仿，难以界定其原创性，艺术中的作者身份开始模糊，传统的版权体系面临严峻挑战。

（3）AI训练基于已有图形风格和观者偏好，实现反复、最优的视觉迭代，这使审美趣味逐渐被数据拟合，原本属于主观经验的审美反应，正被算法预测与引导，审美独特性与实验精神受到抑制，逐渐失去对真实、朴素、微妙之美的欣赏能力。

（4）由于AI图形可在数秒内生成，看似创造无限，实则审美信息迅速贬值，图形数量激增，质量参差不齐，令视觉语言贬值，意义价值稀释。

正因以上种种缘由，人类对有意味的图形和情感与文

化嵌入的视觉作品产生了新的渴望。艺术的意义生成机制面临重建，更强调图形背后的故事与语境；更需要观者的再解读与参与；更强调人类情感与社会经验在图形构建中的价值，即仍需要人的审美力的深度介入。

具体来说，在借助 AI 进行创意的同时，留有一定时间与空间有意识地保持慢图形美学，强调过程性、手工性、低速率、深意图的创作方式。无论什么事项，当整个社会多数人随大流时，一定要允许部分人停下脚步静下来扮演观望者的角色，这不是一种固执的保守，而是对人类在快速智能社会中审美的反思，保持一定的基于手绘、拼贴、解构，以及结合不同材质的区别于 AI 生成图形的实践，在交叉并行中更容易碰撞出不一样的火花。关于这一点，正是笔者多年艺术践行的重要启发与心得。

20 世纪 90 年代初，Photoshop、CorelDRAW、3ds Max 刚在中国大陆出现不久，笔者就第一时间购置了计算机并通过到上海参与培训等手段基本掌握了软件的使用方法，算是早期掌握这些新兴科技软件的艺术从业者之一，后经过多年的广告设计工作，以及在学校教授这些软件课程，深谙这些软件的优势与不足，尤其是个性化与人情味方面是这些软件的致命短板，从而笔者在后来的手工艺术转向，以及本书的内容以手工为主继而探讨人的审美力也就不足为怪了。

如图 2-7 所示的《卵石》是笔者多年前的一幅陶瓷高温色釉绘画作品，纯手工、慢过程、多材质（泥、釉、水、火），经一半靠人、一半靠天（烧制的不确定性）等多道天然的工序磨合而成，有着 AI 技术无法比拟与取代的色泽、肌理、光泽等独特的魅力。

图 2-7 《卵石》

综上所述，人类既不能盲目迷恋AI带来的便捷与形式奇观，也不能排斥技术变革本身的创造潜能，最关键的是，在这个新阶段，人类需要重新认识自身的审美主体性，结合人类特有的灵动的手与脑，兼顾文化深度、情感投入与价值判断，在AI图形世界中建立起属于人的视觉表达主动权。

另外，急需构建公众与专业群体的AI审美素养教育体系，包括AI技术认知、算法逻辑、人文意识、情感植入、伦理纠偏、创作引导，教授如何通过提示引导AI生成有深度的视觉表达。只有建立这样的教育框架，才能避免在智能爆图中迷失审美方向，未来的图形艺术，不应是智能库存的堆砌，而应是人机共梦的新模态，从而将图形艺术构建成当代视觉文化中最具活力的场域之一。

四、图形艺术的内容与形式

（一）图形艺术内容审美的分类与指向

图形艺术中的“内容”与“形式”常被视为其构成的两个基本维度，而“内容”所承载的情感、象征、文化、观念等，直接关联着人类的审美体验与认知活动。随着人类探索的广度与深度的递进，以及社会语境的演变，图形艺术内容的审美特征也日趋多样化与复杂化。因此，对图形艺术内容的审美进行分类与分析，成为理解当代图形艺术发展的重要切口。图形艺术的“内容”不仅指题材或主题，还包括图形所承载的思想观念、情绪情感、文化符号与叙事结构等。在图形艺术的创作与接受过程中，观者对内容的解读往往带有主观性与多重性，这种审美经验的复杂性使图形内容在传达意义的同时，也参与构建着审美意识形态。

从审美角度来看，图形艺术的内容具有如下几个核心属性。

（1）观念性：现代及当代图形艺术尤其强调思想的表达，内容审美向哲学、伦理、生态等多方向延伸，这类图形一般通过符号化语言传达抽象意义，具有高度的象征与暗示作用。

（2）情感性：图形中的构图、色彩、节奏等元素调动观者的情绪，形成情感共鸣。

（3）文化性：内容往往与特定的文化传统、社会背景密切相关，蕴含文化认同与记忆。

（4）叙事性：某些图形作品承载故事性或历史性内容，具有时间性与结构性。

上述属性相互交织，构成图形艺术内容丰富的审美景观。

根据内容的属性与审美特征，图形艺术的内容可分为具象内容和抽象内容。具象内容以具体的事物为原型，是指图形所描绘的事物或场景，如人物、动物、风景等，通过图形传达对现实世界的观察和理解；抽象内容则是指图形所表达的非具体的思想、情感或观念，如和谐、冲突、自由等。在理解了图形艺术内容的分类后，更重要的是把握其审美指向，即作品欲唤起怎样的感受、激发何种意识、导向什么样的价值判断，现代观者越来越倾向于在图形中寻找情感的投射或共鸣。

设计者与观者通过图形实现对传统的回望与再创造，使审美体验转化为文化行为，尤其在数字媒体语境中，图形已不再是信息的附属物，而是思想的起点；内容不再局限于传递的是什么，而是引导观众思考为什么与怎么做。当今图形内容越来越强调开放性与参与性，观者不再是被动的接受者，而是积极的解释者。不同的文化背景与审美习惯会对同一图形内容产生不同的理解，这也拓展了内容审美的边界。

图形艺术的内容审美不仅是对说了什么的回应，更是对为什么这样说与如何去理解的深入探讨。在当代文化语境下，图形内容作为视觉叙述的核心，其审美价值正在从陈述性转向思辨性、从单一性走向多义性，未来的图形艺术创作，需要在内容的深度、形式的创新与观众参与之间建立新的平衡。创作者应强化对内容本体的认知与研究，理解图形背后的文化、情感与思想资源，以更具深度的内容形式回应多元社会的审美期待。只有如此，图形艺术才能不断突破表层形式的束缚，成为新时代人类视觉表达与情感交流的重要桥梁。

（二）图形艺术审美的形式

1. 结构、形态、色彩、材质

图形艺术作为视觉语言的一种重要表达方式，其审美价值不仅体现在所传递的内容或意象上，更深刻地蕴藏于形式的构建中。在现代设计、美术创作与数字媒体艺术的多重语境下，图形的“结构、形态、色彩、材质”四大要素共同构成其审美表现的基础维度，正如德国包豪斯学派所倡导的那样，形式本身就是意义的载体，形式决定感知，感知塑造审美。

图形的结构是其内在组织方式，是元素之间的关系布局。从线性对称到非线性扩张，从几何网格到自由构图，结构体现了图形语言中的秩序逻辑与感性节奏，它不仅影响图形的视觉重心与张力平衡，还构建了观者的阅读路径和心理引导，结构美学强调秩序感、理性构建与视觉流动性，图形结构影响观者第一时间对整体形象的认知判断。同时，结构也是情绪的隐性传达者，规则结构传递稳定与信赖，解构结构表达张力与批判。皮特·科内利斯·蒙德里安通过垂直与水平线条构建网格结构，以原色与中性色填充，在极简中塑造极强的视觉秩序感，其代表作《红蓝黄的构成》中，黑色线条分割画面形成强有力的结构秩序，而色块的布置又创造出节奏与动感，这一结构语言成为后现代设计中“结构主义”美学的先声，广泛影响平面设计、UI 界面与数字图形构建。

形态是图形可视表征的核心，是点线面构成的显性形象，它涵盖了形状、轮廓、边界、动态等因素，决定了图形的视觉个性、认知模式与象征维度。形态美学强调感知心理学对形状的识别与联想作用，人类天生倾向于从混沌中寻找熟悉形态，如圆形令人联想到完整、安全，锐角形令人产生警觉或激进感，形态不只是外在形式，它传达审美感知中的气质、情绪和哲思。

色彩是最具直觉性的图形语言，它通过色相、明度、饱和度等变量影响视觉冲击力与情绪传达。色彩不仅是一种生理感受，更是心理认知与文化积淀的结果。色彩心理学认为，不同色彩在视觉神经中引发不同生理与心理反应，色彩制造张力，更是建立起文化记忆的通感维度。

在传统美术中，材质常被视为物理媒介（如土、木、金属、布料等）所带来的肌理感与重量感；而在数字图形艺术中，材质则演变为虚拟质感的模拟与再现，是触觉向视觉的转译；从感觉美学角度看，材质是感官延展的视觉隐喻。无论是真实媒介还是仿真材质，它都牵动观者的身体联觉；同时，材质还引发媒介意识反思。总之，结构建构秩序，形态表达性格，色彩传递情绪，材质唤起触感，四者共同构成图形艺术审美的形式基础，它们既是独立的要素，也在视觉系统中交互融合、相互辉映。正如艺术批评家、哲学家克莱夫·贝尔所言："形式不是装饰，而是意义的骨骼。"在未来的图形艺术发展中，尤其是在AI设计、沉浸式媒体、XR环境等语境下，这四个维度将被重新编码与拓展，在技术进步与人文回归的双重驱动下，图形形式将不仅服务于美的制造，更承载情感、记忆、文化与精神的传递，成为通向深层审美力与人类意象世界的入口。

内容与形式合二为一才构成了整个图形艺术的全部，一般而言，内容决定着形式的走向，内容是内核，形式为外观，这好比一个人，他的衣着打扮、言谈举止等外化的表象（形式）是由其内在的品格与气质所决定的。所以，图形艺术的创作需要同时关照它们的内容与形式，内容选择什么形式才能更好地诠释主题，形式如何建构出迥异又出彩的外观才可以中肯地凸显出其背后的内容，最终达到形式与内容表里如一。

2. 具象与意象

在图形艺术的众多表现形式中，具象图形和意象图形作为两种重要的表现形式，各自展现出独特的魅力，共同构建起丰富多元的艺术语言体系，这两者不仅在视觉表达上各展所长，还在情感传达和文化内涵方面相互交融、互为补充。

具象图形以其写实性和直观性为主要特征，精准捕捉事物的外在形态，无论是人物、动物的头部与肢体特征，建筑的轮廓结构，还是自然景物的肌理色彩，具象图形都能够直观地呈现在观者眼前。这种直观性使信息的传递清晰明了，受众无须过多思考，便能迅速

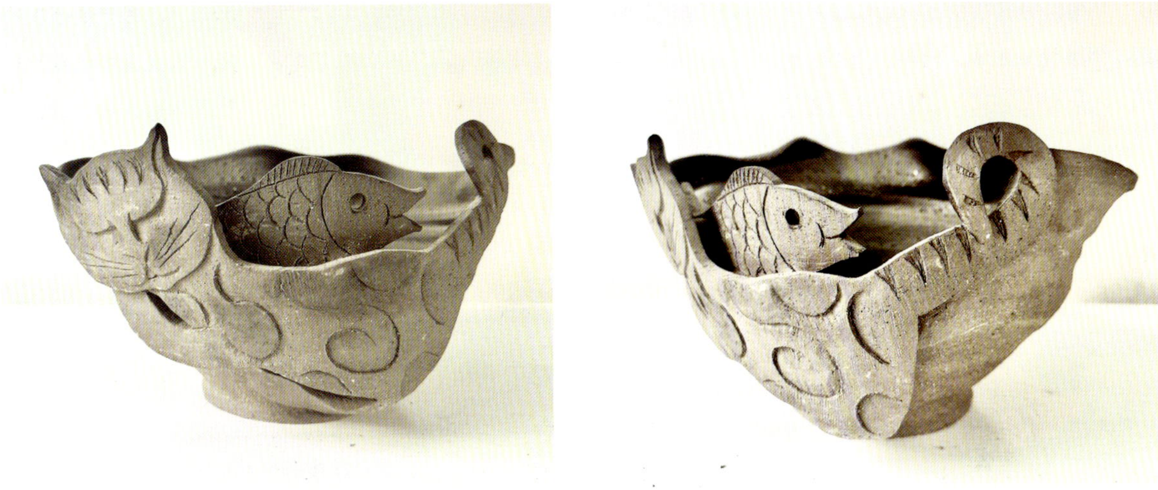

图 2-8 《猫与鱼》

理解图形所表达的内容。具象图形的写实性体现了艺术家对现实的观察与再现能力，但无论何种程度的具象写实，都不是原素材的完全翻版，而是带有作者一定的主观表现性。

如图 2-8 所示的《猫与鱼》是由相对具象的猫和鱼组合而成的偏主题故事性的大果盘。制作步骤：首先拉坯一个盆，继而在盆的某一边进行破坏切割，加工塑造出鱼的形态，接着在鱼的外面贴上一片猫泥片就基本完成了。猫和鱼具象且清晰可见，两者似乎演绎着某个故事。这样叙事性的陶艺，一般来说适应大众审美需求，虽然猫和鱼在表面装饰上都做了一定程度的主观上的夸张处理，但不影响整个作品一目了然的可读性。

在现代生活中，具象图形仍然发挥着重要的作用，但总体来看，具象表现性创作除一些历史题材的主题创作外，当下现实题材的创作主要由摄影技术承担是不争的事实。例如，著名的摄影师安塞尔·亚当斯以其黑白风景摄影而闻名，他的作品通过对光影和细节的精细把握，完美再现了自然景观的真实面貌。这种能够直接传达情感和信息的视觉表现方式，使具象图形在艺术创作中始终占据重要的一席之地。

相较于具象图形，意象图形则另辟蹊径，突破了表象的束缚，它通过象征、隐喻等艺术手法，巧妙地将抽象的概念与细腻的情感融入图形中。意象图形不仅是对事物的再现，更是对情感与思想的深刻表达。意象图形常常利用象征和隐喻手法来传达复杂的情感和思想，意象图形凭借丰富的文化底蕴与巧妙的构思，极大地拓展了图形的表达边界，使作品摆脱了表面化的呈现，蕴含更深层次的精神内核与情感共鸣，意象更多时候等同于意境，是对观者想象力的尊重。在现代艺术中，意象图形作为一种表达方式，广泛应用于各种艺术创作中，尽管具象和意象图形在表现手法上有所不同，但在实际艺术创作中，它们并不是截然分开的，而是存在着相互交融与互动的关系。许多艺术家在创作中，往往会将具象与意象结合，形成更为丰富的视觉效果和情感表达。

具象与意象是交融共生的艺术纽带，也是相互依存的根基，具象是意象的源头活水，意象图形往往是在对具象事物进行观察、理解和提炼的基础上产生的。艺术家对具象世界的感知和积累，为意象创作提供了丰富的素材和灵感源泉；反之，意象也为具象注入了新的活力和内涵，当具象图形融入意象的处理方式时，它不再只是简单的现实再现，而是呈现出更多元的可以畅想的遨游空间，以及更深层次的意义和情感。无论是具象还是意象，它们都服务于艺术表达这一核心使命，具象通过真实的形象传递具体信息和情感，意象则借助主观的形式表达抽象的精神内涵，在许多图形艺术作品中，二者常常相互配合、相得益彰。

如图 2-9 所示的《古汉字交响曲》是笔者受古汉字的启发创作的一幅高温色釉瓷画。古汉字是中国古代历史上无数祖先的集体智慧的结晶，从最初相对具象的壁画图形逐渐抽象到如此神似的意象符号，无论其外象还是内涵，都包含着深厚的远古时代密码。笔者对其的解构重构、排列组合，以及艳丽色釉与逝去的远古的交叉，具象与意向间，叩开观者脑洞，使其即时穿越到一系列古老传说的剧情中。

（三）图形艺术审美内容与形式的相互转译

1. 图形艺术审美内容与形式关系定位

图形艺术的内容与形式之间存在着密切的相互关系，内容是形式的内在依据，形式是内容的外在表现。内容是思想情感，也就是主题，形式是反映该主题的点线面材质与构成，在艺术创作与设计中，内容与形式犹如共生的双生花，彼此依存且相互作用。“内容决定形式，形式服务于内容”这一核心理念，贯穿于无数优秀作品的诞生过程中。内容作为作品的灵魂与内核，承载着创作者想要传达的思想、情感、信息；而形式如同精心雕琢的容器，以独特的视觉语言、表现手法将内容进行合理的呈现。恰当的形式能够成为内容的完美载体，不仅能将内容以更生动、更直观的方式展现出来，还能进一步深化内容的表达，增强作品的感染力与影响力，使观者在欣赏作品的瞬间，便被其吸引、打动。

因不同的受众群体对内容（主题）的需求不同，催生出风格迥异却又精准契合的设计形式。例如，为儿童读物设计图形时，考虑到儿童充满好奇心、想象力丰富且认知尚在发展阶段，艺术家往往会塑造可爱俏皮、

图 2-9 《古汉字交响曲》

憨态可掬的现实小动物，或者其他灵动、活泼的虚拟抽象童话角色，同时采用鲜艳明亮的色彩，如活力四射的橙、清新纯净的蓝，这些色彩相互碰撞，瞬间便能吸引儿童的目光，同时搭配简洁明了的构图，避免复杂晦涩元素造成理解负担，使儿童能够轻松地理解画面所传达的故事与情感，从而激发儿童的喜爱与亲近感。而当图形需要表现严肃的主题内容时，艺术家则会选择截然不同的形式语言，采用深沉厚重的色彩，如以庄重肃穆的黑色、沉稳内敛的深蓝为主色调，营造出与之相符的形式氛围。

2. 图形艺术审美从内容到形式的演变案例解析

在探讨图形艺术从内容到形式的演变过程时，可以通过具体的案例来深入理解这一转变如何影响艺术作品的表达和观者的感知。

如图 2-10 所示为以“静雨”为名的图形设计，仍然为前面提到的研究生面试题目（以自己的名字在 10 分钟内设计一个图形）。笔者第一反应就是从静雨的“内容”入手，即静悄悄下落的雨，关键词“静”对应着什么样的“形式”，即这个静静的雨的姿态与内在的气质转译成哪种具体的点线面才能够精准地外化表达出来？静无疑为稳定、徐缓，以及没有动荡的情境中的非斜风细雨般的静默。大脑运转下，垂直与方正映入眼帘，静雨非瓢泼大雨，纤弱应该是静雨的第二层气质，重量感较轻的点与线而不是面会是更好的选择，内容与形式的相互转译在理论层面的推敲已经完成，实践画出来后便有了这个图形。

由此可见，在这幅作品中，点是雨的滴落，线是雨的轨迹，面则是雨所覆盖的安静空间。图形的形式语言在这里超越了装饰意义，转而成为情感与思想的传递介质。这种形式与内容互译的微妙过程正是审美力的深度体现，观者在图形中不仅看得到，更能感受得到，静与动、形与神在其中彼此转化。

因此，点线面不再是单一的构成元素，而成了情绪、意境与哲思的容器，它们借由图形的设计逻辑，将“静雨”这一诗意性的名字，以视觉形式沉淀为可感知的审美场，最终，图形不只是视觉对象，它成了思想的表面、审美的触媒。

如图 2-11 所示为姓名图形设计系列之三，设计从对“杜嘉庆”三字的元素解构开始。首先“嘉庆”是一个人们熟悉的词组，又是名字的核心，自然先入为主地进入笔者的大脑进行发酵。“嘉”意味着美好、赞誉、祥和，是表达情感内涵的重要一字；“庆”则富有节日感与仪式感，与“嘉”字组合很有嘉年华般的欢腾与共享感；名字整体呈现出一种“吉祥降临、值得庆贺”的意味，似乎眼前一群人围坐在一起，或是生日聚会，或是烛光晚餐，抑或篝火晚会，是一种环抱的、熠熠生辉的庆典感，这就成了构思的出发点。

正打算动笔画时突然意识到嘉庆二字很难形成“围坐”“环抱”等对称、平衡的中心形态，即因欠缺而失衡。作为追求简洁的图形，一般情况下省略考虑姓氏，但在遇到困难时，目光重新回归姓氏的“杜”，说不定它可以助一臂之力，解决上述燃眉之急。“杜”字结构稳重、挺拔，使其作为配角支撑在左边而使“嘉”字作为中心使图形回归平衡成为可能，于是就有了目前这个图形。

这一过程展示了如何通过对姓名的语言解构、语义升华与视觉构型，将一个普通的姓名转化为具有节奏、情感与象征意味的视觉作品。姓名不再只是一个识别单位，更是成为被表达、被正视、被凸显的“主题”，“嘉年华庆贺”的图形氛围，正是姓名本身所携带的人文关怀与情绪力量的具象化。

总之，图形艺术的诞生是一个不断发展和变化的过程，期间伴随着各种紧凑的质疑与求证，以及敢于尝

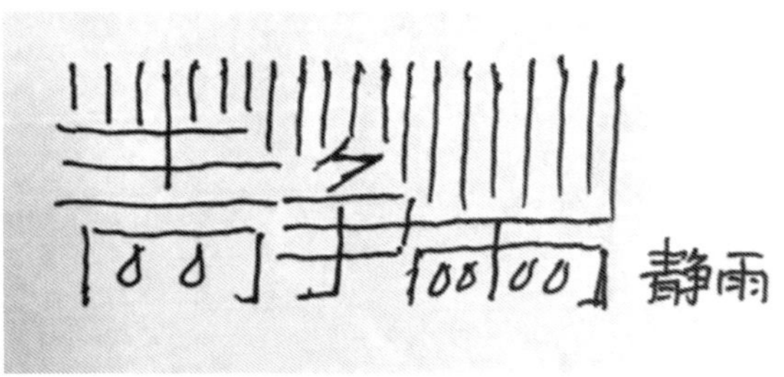

图 2-10　姓名图形设计系列之二

图 2-11　姓名图形设计系列之三

试各种破与立的果敢与勇气，同时，要站在观者的角度去反向审视作品的全貌。通过这种情感上的互动和探索，图形艺术形式和内容得以在不断变化角色的过程中最终达到和解与融洽，成为连接艺术家和观者、传达复杂情感和思想的重要桥梁。

五、图形艺术审美中的机械制造与手作

自 18 世纪工业革命到人工智能与数字经济高度发达的今天，近 300 年的世界巨变有目共睹，高效的机械制造取代了之前缓慢、低效的手工。这里所说的机械制造是指从蒸汽机直到当代由 AI 生成的非人工手作的一切生产制造，如最司空见惯的挖掘机，挪移土方或巨石时，较人的手作而言，干脆利落，其无穷的力量让人瞠目。由此可见，机械制造的出现，使生产力发生了质的飞跃，经济迅猛增长，人类生活的各方面因而精彩纷呈且加速发生着匪夷所思的变化。可见，没有工业革命的机械制造就不会有显著巨变了近 300 年的当今世界。

当代图形艺术的创作与生产亦然，机械制造的强势介入，人类被解放出来的双手与机械之间的张力日益显现。机械制造强调的是标准化、程序化与高度复制的可能性。在图形设计中，矢量图工具、AI 辅助绘画、模板软件等都使得创作者可以在极短的时间内完成大量图形的产出，这种方式在商业设计、产品包装、广告视觉等领域尤为常见。例如，某些快消品牌的包装图形，就是通过模板式的图形结构快速生成的，用以服务于庞大的市场需求和即时更新的节奏，在这种体系中，图形被当作一种消费视觉语言，其首要目的是被看见。机械已成为艺术创作的重要技术支撑，极大地提升了视觉艺术的产出效率和形式多样性，如此，面对那些繁重且程式化的各类海量的视觉艺术生产工作，手作被机械制造碾压的态势一目了然。诚然，如果手作仍以旧有的模式与机械制造共同担负同类的生产，显然是穷途末路。手作何去何从是摆在当下人类面前的重要问题。

机械制造正面意义巨大，但并不代表其白璧无瑕完全可以取代手作的价值，机械高效产出的背后，也引发了人们对图形艺术中人性、温度、情感与记忆等缺失的焦虑。

机械化的图形在审美上传达出的是统一性与效率感。设计成为流水线上的产物，优点是能够快速满足大批量生产需求，遗憾之处是美感可能退化为一种表面的视觉愉悦，缺乏更具意义的个体性、文化性与情感链接，这不仅是生产方式的区别，更是一种深层的审美价值差异，也是效率逻辑与情怀逻辑的对峙。

另外，AI 图形创作的发展也让人们重新思考原创性的概念。例如，Midjourney、Dall-E 等图像生成工具可以基于关键词生成各种风格的图形，尽管其视觉效果惊艳，但不少作品更像是图形的拼贴，它们没有创作者的“手感”，没有创作过程中的情绪流动，也缺少“失

败”的痕迹，而正是这种“失败”，才构成了人类手作艺术的不确定性魅力。

与机械创作的标准化相比，手作图形创作强调“手脑合一”的艺术过程，这是一种集身体、意识与情感的综合表现形式，艺术家的手不仅是工具，更是感知的延伸、情绪的载体，每一根线条的力量、每一个图形的走向、每一块颜色的铺设，都是创作者内心的即时映射。手作图形具有不可复制性，这种独特性使其在审美上更具不可替代性。例如，日本插画艺术家久保的作品，他坚持以传统毛笔与墨水进行图形创作，描绘虚构生物与身体解剖图形，尽管其作品具备高度复杂的结构与图像层次，但正是那种手的颤动、墨色浓淡的偶然性，赋予了画面浓郁的生命气息，这也是手作图形所特有的审美力，不仅是图形的表象，也是创作行为本身的身体性和精神性的融合。

在审美心理学中，艺术作品之所以能打动人心，往往不是因为它有多么精致，而是因为它有情绪。手作图形作品之所以更容易让人产生共鸣，是因为创作过程本身就蕴含着艺术家的情感波动，手的动作不仅是技术的实施，更是一种身体的语言。情绪通过手的力度、方向、节奏传递到图形中，使图形具备传达情绪的能力，这在某些综合材料绘画与陶艺中尤为明显。如日本的“侘寂美学”就极度强调手作的不完美性与自然性。一只手作陶碗的不规则轮廓、釉色的微妙晕染，恰恰是其审美力的源泉，而这些微妙之处在机械创作中基本无法复制。

图形艺术同样如此。一根线条是否有呼吸感，一个形状是否具备心理张力，常常依赖于手作过程中的非理性因素。这也就是为什么很多插画家在创作作品时即便拥有数位板和AI工具，依然选择用手绘初稿，因为手绘的过程能唤醒他们内心更真实、更细腻的感受。

尽管机械创作具备高效率与市场扩散力，但在当代文化消费日益注重独特性与情怀表达的背景下，手作图形反而呈现出更高的艺术价值。一幅手工绘制的插图、一张限量印制的丝网海报、一个由泥土成型的装饰性摆件，往往因为其不可复制性而被消费者赋予更高的精神价值与收藏价值。例如，某些高端品牌会邀请艺术家进行限量版图形包装的合作，这正是为了打破机械生产带来的标准感，使产品具备人情味与艺术性。这说明在强调个性消费、身份表达的语境中，手作图形因为其强烈的“人”的痕迹，反而在商业层面获得了更高的价值转化。

这里并非否定机械创作的意义，而是在认清两者的本质属性后，在开放与包容的前提下，充分发挥两者的优势，机械满足大批量的产出，而手作做前沿的个性化与人情味的实验探索，同时满足少数个性化的高端定制。另外，机械与手作的对立并非绝对，也可以是一种交融互补。许多现代艺术家正是在这两种方法间寻找新的平衡，用AI生成初稿，再用手作细化；用机器印制基础图层，再进行手绘叠加。如油画界，不少艺术家将数字工具作为草图机器，如使用 Photoshop 构思图形结构后，再转向手工绘画实现最终作品，这种“数手协同”的模式，既保留了手工艺术的温度，又利用了机械工具的效率，实现了艺术生产的再人性化。

图形艺术的审美本质，始终是“人”与“感”的传达，机械创作与手作并非二元对立，手的温度与机械的效率，是推动艺术不断发展的双翼，在理解这两者审美逻辑差异的基础上，才能找到新的表达方式，既不失速度，也不失情怀，既有形，也有魂，同时也为观者提供了更丰富、更多元化的审美体验。

如图 2-12 所示的《莲果盘》是由半机械、半手工交叉完成的，先用拉坯机拉出果盘相对比较对称、标准的圆盘形态，后以纯手工完成复杂点线面的莲元素装饰部分。拉坯的部分明显规整、理性；而手工莲元素装饰部分相对来说多变、感性、细腻，如手撕泥片形成的不规则断口纹理，手用力的轻重缓急导致的莲叶扭曲、弯折、起伏等丰富的变化。可见，机械与手工分担了整个作品其各自擅长的部分。

图 2-12 《莲果盘》

第三章　图形艺术的审美力显现及案例解析

一、图形艺术审美的点线面

1. 图形艺术审美的点线面与气质

在图形艺术创作中，点线面是最基本的视觉语言，它们不仅在形式上为作品提供了结构支持，还在审美体验上深刻影响着作品的气质与情感表达。图形艺术的审美气质通过点线面元素的组合和运用，展现了不同的表现方式和艺术风格。

点是图形创作中的最小单位，作为一种没有宽度和高度的元素，点代表着空间的起始；点的大小、位置、密度等变化会产生视觉上的重心与平衡，影响作品的焦点及观者的视觉聚焦；点的独立性常常表达简洁、孤立或强调。点的布局、数量、排列、大小均会影响情感的表达。

线是点运动的轨迹，也是面运动的起点。在几何学中，线只具有位置和长度；而在形态学中，线还具有宽度、形状、色彩、肌理等造型元素，线的曲、直、浓、淡等变化直接影响着图形艺术的情感表达，是形象和画面空间中最具表情和活力的构成要素；线对客观事物的高度概括、运动自由等特质，古今中外一直受艺术家钟爱。线有曲直、粗细、动静、虚实之别。从心理和生理角度来看，直线具有男性特征，曲线具有女性特征。直线凸显刚毅与简洁、果断与力量、理性与秩序；曲线透露柔婉与灵动、优雅与韵律、感性与浪漫。直线棱角分明，给人以明确的方向指引，展现出勇往直前、无所畏惧的气魄；曲线婀娜多姿，流动变幻间传递出含蓄委婉、细腻多情的韵味。直线与曲线两者相互映衬，共同谱写着艺术与设计领域的美妙华章，也隐喻着世间刚柔并济、阴阳平衡的和谐之道。

面是点与线的融合，扩大的点形成了面，一根封闭的线造成了面，密集的点和线同样也能形成面。在形态学中，面同样具有大小、形状、色彩、肌理等造型元素，同时面又是“形象”的呈现，因此面即是“形”。不同形状的面给人以不同的心理暗示：正三角形稳固；倒三角形紧张尖锐；圆形完整饱满；偶然形自由松弛。面的大小、形状和位置关系也影响作品的整体气质，大面积的几何面展现出秩序感和现代感，不规则的面则充满自然和灵动。

点线面作为图形艺术的基本构成元素，它们在不同艺术家的手中展现出了无限的可能性。从新印象派的点彩技法到表现主义的线条运用，再到极简主义的面构成，这些元素不仅构建了图形艺术的基础结构，还通过不同的组合和变化，传达出了多样化的气质和情感。艺术家通过对这些元素的创新运用，不仅丰富了图形艺术的表现手法，也为观者提供了更丰富、更深层次的审美体验。

2. 图形艺术审美的点线面与节奏

在图形艺术中，点线面的排列与变化犹如灵动的舞者，编织出美妙的舞步。点的大小、疏密变换，恰似夜空中隐现的星星点点，密集时斑驳闪烁，稀疏间寂寥空灵；线的曲直、长短起伏，恰似山峦的伸展或是河流的蜿蜒，勾勒出或激昂或舒缓的旋律；面的大小交替，则像海浪的层层推进，饱含力量的更迭与韵律的回响。它们就如同音乐中跳跃的音符，在艺术家精心调配的画面“乐谱”上，共同构成了富有韵律的视觉节奏。

以埃舍尔的经典作品《昼夜》为例，画面中黑白相间的鸟群是点线面组合的精妙典范。那些形态各异的鸟，它们或聚或散，通过点的巧妙分布、线的流畅勾勒及面的合理布局，相互交织、相互转化。黑白鸟群如同涌动的潮水，形成一种富有节奏感的视觉流动，观者的视线会不由自主地被这股流动牵引，在画面中不断穿梭，一会儿被黑色鸟群的深邃吸引，一会儿又被白色鸟群的明亮触动，在这一来一往间，产生独特而奇妙的视觉体验，仿佛置身于一个由图形构建的奇幻世界中，感受到艺术与秩序完美融合的魅力。

3. 图形艺术审美的点线面与情怀

图形艺术作为视觉艺术的一个重要分支，其表现语言具有高度抽象性与多义性。其中，点线面作为构成图形艺术最基础的元素，不仅具有形式上的美学功能，更承载着情感与情怀的传达能力。图形艺术中的点线面不再是单纯的几何符号，而是通过设计师或艺术家的主观操控与情感灌注，成为引导审美经验、构建情绪空间、唤起观者共鸣的重要手段。

在图形艺术中，“点”通常代表着视觉的最小单位，是构成所有图形语言的起点，一个点可以是具体的圆点、一个色斑、一个标记，也可以是抽象的、精神性的凝结物，它具有极简而极具张力的特征，能够瞬间吸引观者的注意力，并在构图中起到聚焦、强调、引导视线的作用。在中国传统绘画中，点常被用作点睛之笔，如水墨画中的落墨成点，不仅是一种技法，也承载着作者当下的情绪投射。一个小小的点，常常体现无声胜有声的意境，引导观者进入冥想与内省的审美状态，点虽微小，但在图形艺术中却往往成为情怀的引爆点。

“线”作为点的运动轨迹，在图形艺术中具有很强的叙事性与情绪表现力。直线、曲线、折线、断线等不同形态的线条，多数情况下分别象征着理性、柔美、挣扎、断裂等不同心理指向，而且随着情境的改变，其象征性也随着转变。线不仅构建轮廓，更作为情感的流动通道，构成视觉节奏与运动感。艺术大师保罗·克利将线看作“一种走向未来的旅程”，其画作中常用曲折而富有节奏感的线条，表现童真与梦境般的情绪，这种线的使用并非单纯为了形式，而是为了传达一种内心的律动与精神探索。中国书法艺术中的“笔断意连”，通过毛笔线条的顿挫转折表现书写者的性格、修养与内在情感，形成强烈的审美感染力。

面是由点和线延展而成的视觉区域，是图形语言中“场”的表现单位。面具有包容性，能够构成图形的结构体系、层次感与空间感，不同颜色、材质、肌理的面表现出不同的情绪调性，如温暖或冰冷、沉静或激烈、开阔或局促。在现代平面设计中，色彩面的构成决定整体画面的基调，如极简主义设计中，大面积留白的面构建出一种冥想式的空间，带有东方禅意的静谧情怀；而后现代设计中，复杂多变的拼贴面则呈现出多元文化冲突、解构与重组的情绪指向，面在此成为构建视觉情境的主体，形成沉浸式的审美体验。艺术家常借用这些象征性的“面”来唤起特定文化群体的集体情感，使作品在视觉语言之外，附着上时代与地域的情怀编码。

点线面在图形艺术中并非孤立存在，它们之间构成复杂的相互作用与视觉动态。点的分布、线的张力、面的切割，营造出强烈的空间动感与时间感，这种结构不仅形成形式美，也传递出现代人对技术、秩序与理性的复杂情绪。

在品牌设计中，点线面的组合往往反映品牌的核心价值与情感导向，既表现了理性科技或灵性感受的形象，又暗藏人文精神的温度，极简设计语言正是通过对点线面的高度掌控实现“少即是多”的情怀传达。

情怀作为一种审美主体与文化符号之间的情感桥梁，往往并不依赖具体语言，而通过抽象图形激发人们内心深处的记忆与联想，点的孤独、线的流动、面的包容，三者共同构成图形艺术的情感结构。无论是艺术设计实践，还是相关视觉艺术教学，都强调点线面的情感表现力有助于促使图形艺术直击观者心灵深处的敏感处与心理认知场。

二、图形艺术审美的矛盾与调和

1. 图形艺术审美的形态矛盾与调和

形态矛盾是指在图形设计中，不同形态元素之间存在的对比和冲突。这种对比可以是形状、大小、颜色、纹理等方面的差异。圆形与方形、规则形与不规则形的并置，都能产生强烈的视觉对比效果，这种对比是图形艺术中不可或缺的元素，因为它能够激发观者的视觉兴趣，增加艺术设计的吸引力。然而，单纯的对比并不能构成一个成功的艺术设计，艺术设计的目的不仅是创造视觉冲击，更重要的是实现视觉的和谐与统一，这就是调和的作用所在。调和是通过设计手法，如调整元素的大小、比例、位置等，将原本矛盾的元素统一起来，使它们和谐共存。调和的目的是平衡视觉元素，创造出既有对比又有统一的视觉效果，从而达到审美上的愉悦。

在图形艺术创作中，如常常见到的圆形与方形的结合，通过合理安排比例及其位置关系，使两者相互映衬，既突出对比，又达到整体的和谐。具体来说，不仅是圆形与方形，当任何不同形态共处一处时，放大一方的面积而缩小另一方的面积都能使对比弱化，与此同时，从视觉画面上处理好它们之间的位置是有效调和它们关系的手段之一。

如图 3-1 所示为《枯树老鸟》，树与鸟形态迥异，并置一处从情理上是合理的，但在视觉上如果两个物象在画面中所占的面积大致相等，未免对比太强而突兀，作者在创作的过程中，一方面有意地缩小了鸟所占面积的比例，另一方面调整了鸟在画面中的位置，置于树的上端黄金分割处，从而有效地缓和了鸟与树的矛盾，突出鸟的形象。

不同形态间矛盾调和除了以上方法外，形态之间局部改变使你中有我、我中有你而达到协调是另一个有效的手段。以圆形与方形为例，改变方形的四个直挺的尖角而使其导角呈圆弧状，如此，方形中有了圆的成分从而与本身不调和的圆有了共通之处，即两者之间有了共同语言，就激活了交流的渠道，从而使两者矛盾减缓。

一般来说，以上不同形态矛盾调和手法适用于所有平面、立体、动态等视觉艺术领域。

总之，图形艺术中的矛盾与调和是一个复杂而微妙的过程。它要求艺术家不仅具有创造对比和冲突的能力，还要具有调和这些元素以实现视觉和谐的能力，通过不断探索和实践，创造出

图 3-1 《枯树老鸟》

既理性又感性的视觉效果，为观者带来美的享受。

2. 图形艺术审美的色彩矛盾与调和

色彩矛盾是指图形中不同色彩之间的对比和冲突。互补色如红色与绿色、蓝色与橙色之间的对比可以创造出强烈的视觉效果；冷暖色之间的对比可以传达出不同的氛围和情感。然而，色彩强烈对比及矛盾加剧只是色彩表达情绪的方式之一，常用于运动赛事、摇滚劲爆音乐或生鲜热辣美味等主题艺术中；多数情况下，缓和矛盾的弱对比色彩会更让人悦目与舒心，这同样需要通过调和手法实现视觉上的和谐。调和手法包括降低色彩纯度、调整色彩面积比例、添加中间色等。作品中色彩的矛盾与调和不仅能增强图形艺术的视觉吸引力，同时能烘托作品的情感和主题。

如图 3-2 所示的作品《蓝的居所》是笔者根据前两年于炎热暑期的某个清晨拍摄的景德镇瑶里的素材创作的油画。在画面构建上，一方面，展现了景物中各组件之间的主次、层次与节奏等交错关系；另一方面，利用“纳比派”主观情感色取代了眼睛所见的现实色，而且以一种色彩为主、小面积对比色为辅，即以大面积蓝色与点缀式的亮紫（一般而言，蓝与紫本身是最好的既对比又调和的好伙伴色彩）构建了早晨的第一缕阳光的穿透，而该亮紫由于面积的限制又被微弱地牢牢管控于绝对的蓝色海洋之中，这已经不是现实，而是炎热夏季一场酣畅淋漓、清清凉凉的蓝蓝的梦。

3. 图形艺术审美的方向矛盾与调和

方向矛盾是指图形中不同方向元素之间的对比和冲突，如水平与垂直、正向与反向。方向矛盾可以通过调和手法实现视觉上的平衡，调和时可设置一个主导方向、一个次要方向，既对比又调和。在诸多艺术设计，如标志及海报作品中，设计师会经常性地制造图

图 3-2 《蓝的居所》

形元素间的不同方向。同时，设计师也会通过巧妙排版，在方向上使各元素围绕一个主题，引导观者的视线，从而达到主要内涵的传达。如杭州 2022 年亚运会标志，整体大势方向是由左至右的弧形（扇面形），然而，在这个整体一致的方向上出现了一个“叛逆者”，弧形扇面左边的黄金分割处，制造了一个逆向的矛盾焦点，即横压了一处从右下往左上逐渐膨胀的小面积的钱江潮（同时也是 2022 字体），与主体从左至右的方向背道而驰，从而有意地突出了该钱江潮，主题得到了强化。

4. 图形艺术审美的材质矛盾与调和

图形艺术作为以视觉形式传递意义和情感的艺术形态，人们常常首先关注其构图、色彩、符号等元素。然而，材质作为构成图形的物理或数字基底，不仅承载着感官体验，更在审美感知中扮演着关键角色。随着数字技术的发展与人工智能的加入，传统与新兴材质之间的矛盾日益凸显，材质审美的“张力”成为当前图形艺术创作中一个富有哲学意味的话题。

在传统语境中，图形艺术多依附于纸张、布料、木板等具体介质，这些材质带有天然的纹理、重量、温度和触感，这种材质的“真实感”赋予了图形以具体存在的温度与历史感。而在现代与后现代艺术中，数字媒介、虚拟介质、屏幕像素、3D 打印材料等不断刷新人们对图形材质的认知，使材质本身也成为表达的语言。材质因纹理等物理与化学等因素造成的冷暖、粗细、凹凸、弹性、色泽、反光度、透明度等属性成为审美判断的因素。例如，一张略有破损的牛皮纸背景上的极简白线图形，可能在心理上唤起怀旧或静谧感；而同样的图形呈现在闪耀的 OLED 屏幕上，则可能传达出科技感与未来感。

当代材质出现了很多不确定性现象值得人们关注，对图形艺术创作者有着不可小觑的启发，如物理材质与虚拟材质的冲突、传统材质与数字材质之间的对抗构成了最显著的矛盾。例如，印刷品与屏幕图形虽然可视内容相同，但在触感与光感上的区别使观众产生完全不同的审美感受，数字图形往往缺乏“时间的沉淀”，显得轻盈、变动、非实体化；而传统材质所呈现的厚重、斑驳、温润，则具有“时间性”和“场域性”，这种矛盾不只存在于观感层面，更反映在观众对作品“真实性”与“在场感”的认知中。图形的形式语言（如几何、写意、象征、抽象）常常与材质发生冲突。例如，当一个柔软、自然肌理的材质被用来表现极具理性、机械化的图形时，会产生陌生化效果，进而引发观众对形式与内容是否匹配的审美疑问；反之，当冷峻金属质地的图层用于表达温情主题时，也容易产生价值张力。不同文化对材质有着不同的象征意义。例如，在东方美学中，纸的温润与留白美学相辅相成，而在西方现代主义传统中，钢铁、玻璃、混凝土等“硬质材料”往往成为理性与力量的象征。因此，材质矛盾也具有文化维度，其在全球化语境中尤为突出。

当代许多图形艺术家与设计师选择以“跨媒介融合”的方式应对材质矛盾。例如，通过在纸质作品中嵌入数字感元素，或在数字界面中模拟出自然材质的触感，实现视觉与心理上的融合与调和，这种调和不仅是物理层面的整合，更是文化与审美价值的共生。材质的再语义化与“假材质”美学 AI 图形生成技术使材质不再必须是真实存在的，而是被算法模拟和再定义的视觉效果。在某些作品中，“拟纸张肌理”“拟金属光泽”成为一种视觉语言，观者在识破材质的假象中产生新的快感，这种游戏化、语义层次丰富的审美体验是材质调和的一种新路径。

材质不只是传递形式的载体，更承载着情感暗示。例如，在 UI 界面设计中，苹果公司曾在早期使用拟物化风格，通过皮革、纸张、木纹等材质模拟增强用户情感共鸣。现代设计趋势虽然偏向扁平与极简，但材质元素仍作为“情感温度”的调控器，潜藏在界面微妙的光影、阴影、渐变中。

材质对于图形艺术，不再只是物质性的基底，而成为一种具有能动性的审美语言，材质之间的矛盾与调和并存，不仅挑战设计者与艺术家的技术能力，更考验他们的文化洞察与情感智慧。未来的图形艺术，或将持续在材质的真实与虚拟之间、自然与技术之间、感性与理性之间寻找平衡与融合，构建一个多元共生的审美生态。

如图 3-3 所示的作品《动物花园》，是笔者以同一种泥料在拉坯基础上分段处理而成的，材质处理上：一方面是浮雕手法上的区别，花器上面的动物部分以详细、周到、具象且光洁的手法处理，而下半部分粗放、抽象；另一方面，上釉上区别处理，花器上半部分喷涂了流动性窑变釉“晚秋”，而下半部分没施加任何釉，直接保持了裸坯泥料的本体材质，以及在两者面积上做了大小主次区分，从而材质既对比又调和。

5. 图形艺术审美的大小矛盾与调和

大小矛盾是指图形中不同大小元素之间的对比和冲突。调和的手段可以是将大元素作为主体，小元素作为点缀，在大元素周围安排小元素，创造出层次感和空间感；或者通过渐变的大小变化使元素过渡自然，创造出和谐的视觉效果。

如图 3-4 所示为作品《我心飞翔》。在表达该少女时，笔者认为头部与臀部应该是表达女性的重点所在，为了突出这一点，有意缩小了躯干与手的比例关系，从而主观艺术化地重塑了现实生活中普通女孩的形象，情理之中、意料之外。

三、图形艺术审美的主次详略与取舍

在图形设计中，“主”往往指的是视觉焦点或意义核心，其任务是迅速吸引观者的注意力，承担信息传递、情感唤起等核心职责；“次”则是围绕主视觉展开的辅助元素，它们通过色彩、形状、节奏、位置等方式，服务于主视觉的表达，强化或补充整体意义。

图 3-3 《动物花园》

图 3-4 《我心飞翔》

主次关系不仅是视觉层面的安排，更隐含着叙事逻辑。例如，在信息图形中，主视觉可突出关键数据或中心议题，而次视觉通过图表、图例、线索等结构，引导观者理解更完整的故事。在传统中国绘画中，如《清明上河图》，通过主景与次景的布局，构建出横向展开的叙事性视觉空间。

“详”是精微描绘、深入铺陈，强调细节的丰富性与信息的饱满性；“略”则是省略、暗示、空白，强调简约的表达与意境的营造。详略之间的平衡是图形艺术的重要策略，它不仅涉及构图技巧，更影响整体的审美节奏。

详略还构成视觉的张弛关系。在图形艺术中，适当的详略对比可避免视觉疲劳，创造节奏感与层次感。就如一段演讲，抑扬顿挫方能引人入胜，图形中的详略也构成了视觉语调的变化。以传统山水画为例，画家通过留白营造空间感，使观者在“无”中观“有”。这种略笔之美，强调心境多于实景，唤起审美主体的联想与感悟，体现出“计白当黑”的东方美学智慧。进而言之，就是哪些元素保留，哪些元素舍弃；哪些信息凸显，哪些信息隐退。这种取舍行为本质上是一种审美判断，是艺术家主观意识的体现。不同文化背景与艺术风格，对取舍有不同标准。例如，极简主义强调“少即是多”，追求形式的纯净与情感的克制；而巴洛克艺术强调繁复与装饰，主张“视觉的饱满”与情感的激荡。这表明，取舍不仅是技术问题，更是哲学选择。它涉及创作者的审美取向、文化认同乃至世界观——你如何看待视觉的意义，你就如何构建图形的语言。

图形艺术的详略与取舍，如同魔法师手中的魔杖，是创作的技法，也是审美的智慧，更是设计者与观者之间的一种“审美协商”。它要求创作者具备洞察力、节奏感与文化判断力，在有限的视觉空间中，做出最具表现力的表达。

如图 3-5 所示，“雪水云绿”是笔者为一个桐庐茶叶品牌设计的标志。设计的起点从品牌名称“雪水云绿”开始，首先将品牌名称在语义层面进行概念拆解，分析其主次信息，取舍出“雪”“水”“云”“绿”及“茶”五个核心意象，而“茶”无疑为最主要的信息。明确了这一层，就可以有目的地、详略得当地进行第一阶段的工作：素材张罗，即挖掘、储备所有需要的信息。这就好比将各类主要食材采购回来，如蔬菜、水果、肉类应有尽有。在这种情况下，这个标志非常复杂，结构松散，缺乏整体感。于是进入第二阶段：图形整合。在这一过程中，需要考虑诸多因素：①准确表达设计内涵；②简洁清晰的视觉语言；③具有美感与形式统一性；④表达个性与差异性，是否具有独特性（即标志的“不可替代性”）。这些指导思想如同一个审美系统的背景程序，持续地影响设计者的判断与选择，使设计逐步向“简洁”“准确”“个性化”与“美观性”靠拢。首先试图加入一个外框，就像是用一根绳子把散乱的东西绑在一起。有了这个框架，图形开始初步聚集，尽管整合后更统一，却仍然不够简洁，也缺乏巧妙，更谈不上美观。接下来进入第三阶段：解构与突破。这一步的核心在于“创造性地破坏”。所有具有原创性的设计，都需要在某一阶段打破原有的结构，才可能诱发质变。此刻如何寻找突破口？在不知所措时，毫无逻辑地去试错也不是一件坏事，运动而不是静止总会“柳暗花明又一村”。例如，将椭圆形的叶片结构从中轴线进行对称切割，将整体拆分成两块，然后对色彩做个追加，色彩便有了层次感，“形与色”，“形”一般在前，所以此刻还不能陶醉于色彩。形复杂的问题依然是症结所在，于是继续对形进行简化，但不知如何下手。这就进入第四阶段：观察验证。正如素描中既有局部观察也有整体观察，反复观察图形的各个角度，下半部分像一条小船，也像一片叶子。这一刻，情绪激动、积极质疑：既然已经有了叶片的形状，是否还需要其他多余的元素？是否还需要额外的“草字头”或其他叶子元素？显然路径打通了，于是大刀阔斧地砍掉了多余的部分，只保留了最具识别性的“茶叶”形态，图形因此变得更加简洁，也能准确地传达“雪水云绿”作为茶叶品牌的核心气质。由于茶叶本身的柔软特性，图形设计多使用曲线和弧线，而尽量避免直线，这与茶叶的温润特性相符，同时与金属等刚性材料拉开差距。设计的最后，作者引入了“点”的元素。这些点的大小、位置、密度，与音乐的节奏感密切相关，就像旋律中“哆来咪发唆”的起伏，这些点也在画面中构成视觉的高低起伏。考虑到实际应用中标志会被缩放，点的大小也必须恰到好处：太小会消失，太大则显得笨重。一个好的标志既可以放大呈现其丰富性，又能在缩小时保持清晰度，它的弹性与张力，犹如“大丈夫能屈能伸”，既有态度，又有尺度，既能包容，又能表达。整体视觉上，像一片茶叶

图 3-5　“雪水云绿”标志设计过程

泡在沸腾的水中，同时也是水云之间融合的意象。

以上这些思考与调整，其实都是个人审美力在背后催动。同时，也需要设计者具备足够的勇气去分析其主次，去打破、去重构、去试错、去取舍。审美力，不只是发现美、创造美，还包括果敢与勇气，以及分辨主次、拿捏取舍、把控节奏、调和情绪的综合能力。

四、图形艺术审美的动与静

动与静是图形艺术中常见的表现形式，犹如一枚硬币的两面，在图形艺术中相互映衬。它们通过不同的设计手法和视觉效果，构建出丰富多样的情感场域和审美体验。“动”代表着变化、能量的流动和时间的延续。在图形艺术中，动感一般通过线条的曲折、形态的变换、色彩的对比及空间的张力来体现。有动感的图形作品通常会给人一种有活力、紧张或激烈的视觉体验，仿佛在表达某种生命力或内在冲突。“静”代表着稳定、安宁与秩序。静态的图形作品则表现出一种均衡、和谐和自我封闭的特质。通过简洁的形态、平稳的色彩和精心设计的结构，静态图形往往能够传达出宁静、沉思或永恒的美感。

图形艺术的审美力常常通过“动”与“静”的相互作用来显现。它们并不是简单的对立，而是相辅相成的。动与静的交织常能使作品产生更丰富的情感表达和内涵。动感并非总是处于剧烈的运动状态，它可能表现为内在的节奏感或循环感。在平面作品中，动与静往往以对比的方式展现。例如，利用有动感的线条和强烈的颜色对比来表达品牌的活力与现代感，与此相对地，利用简洁的文字排版、均衡的布局来引导观者的注意力并提供视觉上的休息。在数字艺术领域，使用动画效果的数字插画和动态图像，通过时间与空间的变化来增强画面的动感。而一些静态的数字插画或图像，则通过颜色的沉淀、层次的堆叠等方式来展现安静与深邃的氛围。这种动静结合的作品一般通过交替的动静场景来吸引观者的注意力，提升作品的审美表现力。

图形艺术中的“动与静”不仅是形态和结构上的对立，更是审美力的一种体现。通过动静的交织和转换，艺术作品能够在静谧与激情之间找到平衡，从而创造出更具层次感和情感深度的视觉效果。

从更深层的设计哲学来看，动与静的统一实则是对立统一的审美体现。通过色彩的过渡渐变、空间的虚实相生、形态的收放有度，设计师能够调和这对看似矛盾的元素，创造出和谐共生的视觉语言。这种调和不仅增强了作品的视觉张力，更能准确地传达作品的情感内核和文化意蕴。

如图 3-6 所示的《捉迷藏》，大面积水波纹横向流动，但相对于更具活跃度的小面积的青蛙的纵向肢体语言的运动，水又显得略微的“静”，继而改变视角。对于水波到青蛙整体而言，从孤立的青蛙和水的动与静相对的转换到纵观全画面时，又透露出更多“动”的态势，这个整体的“动”恰到好处地渲染了两只青蛙捉迷藏的欢快气氛。

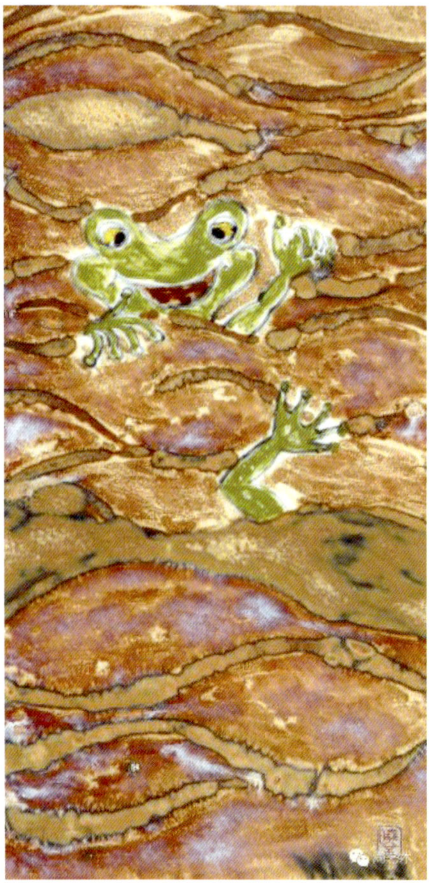

图 3-6 《捉迷藏》

五、图形艺术审美的完整与残缺

在AI浪潮席卷而来的当下，图形艺术在表象与内核层面正经历着前所未有的变革，其中，图形艺术的完整与残缺这一特性，在现代语境下展现出全新的魅力与价值，深刻影响着人们对美的认知与理解。完整的图形艺术，常常给人以圆满、稳定之感，它符合人们对和谐、完美的传统审美追求。完整通常传递出一种稳定、和谐的感觉，它往往是理想化、规范化的形态；而残缺更具有动态性，它引发观者的想象力与思维，让人们去填补缺失的部分，思考作品未完待续的部分。从这个角度来看，完整性是一种已经存在的确定性，而残缺性是一种潜在的不确定性，它能够激发观者的探索欲望与思考深度。

在图形设计中，完整的形态往往容易给人一种完美的视觉印象，似乎一切都在秩序和控制中，但有时，设计师故意将某些部分打破或残缺，创造出一种不完美的感觉，这种缺失反而能增加作品的张力和情感深度。观者不再只是接受静止的视觉信息，而是通过参与、推测和想象，构建起作品的完整性，甚至在这一过程中产生情感共鸣。故意制造残缺效果在图形设计中常常需要打破常规，通过不完整的表现手法增强视觉的冲击力。设计师通过不对称、截断、裂缝、模糊等方式，使图形看起来像处于某种失衡或未完成的状态，这种不完全性会引发观者的好奇心，促使他们探索作品背后的故事和意义。

在AI时代，残缺效果变得可以信手拈来，艺术家可以根据作品的主题和表达需求，灵活运用完整与残缺的图形元素，创造出更具深度和内涵的艺术作品。无论是追求圆满、稳定的视觉感受，还是借助残缺引发观众的思考与想象，都能在现代图形艺术中找到合适的表达方式，共同构成AI时代图形艺术丰富多彩的审美图景。

六、图形艺术审美的综合评判

图形艺术作为视觉文化的重要组成部分，不仅是信息的载体，也是情感与思想的呈现方式。面对日益复杂的视觉媒介环境，图形艺术的评判标准也趋向多元与深层。在传统美学向当代表达过渡的过程中，审美的维度不仅局限于形式的和谐与技巧的高超，更在于其背后所承载的格调、隐喻、哲思等深层文化意蕴。这构成了当代图形艺术审美综合评判的重要支柱。

1. 图形艺术审美的格调

“格调”在传统文艺理论中常被视作作品的气质、品位与精神境界的集中体现。《文心雕龙》中提到“气格高者，其文峻也”，将“格”视为品格与格局的象征。在图形艺术中，格调则是一种超越于表层形式的整体风貌，它贯穿于色彩运用、构图方式、线条语言与节奏调度中，呈现出作品独有的“文化气质”。格调有多重层次的表意，首先表现为风格，即图形所采用的视觉语言风貌。极简风格强调空白与秩序，表现出理性、克制的审美取向；而巴洛克式图形多强调繁复、戏剧化，彰显激情与冲突感。格调也表现在情感基调上，一个图形作品是否优雅、庄重、活泼或冷峻，不仅取决于形式本身，更在于设计者对情绪控制的能力。例如，中国传统书法中的“瘦金体”表达出一种清寒孤傲的文化意趣，而民间年画多表现热闹、喜庆的情绪氛围。格调还体现在文化认同感上，如中国画中的“文人气”强调笔墨韵致与精神自由，体现了东方文化中的“气韵生动”；而现代主义图形中常出现工业、科技、现代化象征的构件，形成时代格调与文化性格的合力。

判断一个图形作品的格调，需要从以下几个方面综合评估：是否形成独特而自洽的风格体系？是否在情绪控制上具有审美节制？是否表现出明确的文化倾向或时代印记？格调是否与内容、载体、受众之间形成恰当的对应关系？格调不是浮于表面的“高级感”，而是艺术家内在修养、审美品位与文化积淀的体现。

2. 图形艺术审美的隐喻

隐喻是一种通过“彼物喻此物”的方式，将抽象概念具体化、复杂关系可视化的语言机制。图形艺术中的隐喻不仅是一种修辞手法，更是一种意义生成的方式。在图形中，一个颜色、一个符号、一个构图都可能潜藏着某种文化、心理、社会的象征意义。通过形象之间的相似性传达概念，如灯泡象征灵感、齿轮象征机械或系统思维。

隐喻背后携带特定文化语义。例如，中国红象征喜庆、吉祥；龙象征权威与神圣。通过形式结构表达思想结构，如上升的箭头代表进步、破碎的线条暗示冲突或危险。隐喻并非固定的象征公式，而是具有开放性与多义性。其意义生成依赖于语境、文化经验及受众认知。例如，同样的蛇图形在西方基督教语境中象征诱惑与邪恶，而在东方医学语境中是治疗与生命的象征。因此，包含隐喻的设计不是随意联想，而是一种高度精确的文化翻译与情感操控。图形的隐喻功能，使其不仅是“看得见的语言”，更是“能被感知的思想”。

3. 图形艺术审美的哲思

图形艺术审美的哲思，是对视觉形式背后存在的意义、本体的结构及人类感知与精神维度之间的关系的深入思辨。它不是对图形表面的美感做直观评判，而是试图透过图形的“形”去感知其蕴含的“意”与“道”。

哲思指的是图形艺术背后所体现的世界观、价值观与存在意识。它并不总是直白地呈现于图形中，但如骨骼之于躯体，支撑着形式的构成逻辑与审美取向。图形设计如果只关注表面视觉的美观性，而缺乏思想深度，就容易成为“视觉糖果”，而非“审美营养”。真正有思想的图形，总是蕴含着对人、社会、历史、技术甚至宇宙的深层反思。

当代图形艺术关注个体主体性的表达。例如，“性别平等”“环境伦理”“数字化生存”等议题往往以图形方式进行表达。作品之所以动人，正是因为其关乎“人”的本质经验。一些图形作品表现出时间哲学的特征。例如，传统印章中的“方寸之间，气象万千”，是对历史、记忆与永恒的思考；数字媒体图形中，通过动态构造表达对“流变”的理解。

图形艺术中的“留白”与“透视”、“模糊”与“聚焦”，不仅是形式策略，也是对“可见与不可见”“实体与概念”的哲学诘问。如日本“侘寂美学”中的图形语言，正体现出对“不完满之美”的哲学观照。图形哲思不仅提升审美深度，也使作品获得精神厚度。当代设计理论中提到“思想即风格”，在图形艺术中尤其适用。一个真正优秀的图形，往往兼具形式美、文化感与思想力。

如图 3-7 ~ 图 3-9 节选自笔者名为《果果的探索》的绘本，以一只拟人化乌龟“果果”为主角，构建了一个关于探索与自我超越的童话世界。故事的核心并不在于某个明确的目的地，而是强调真正的意义，源于对过程本身的体验与挑战的乐趣，而非对单一“结果”

图 3-7　《果果的探索》封面

图 3-8 《果果的探索》内页 1

图 3-9 《果果的探索》内页 2

的执着（果果这一名字，其实暗藏着个体对自身人生追求的终极结果的追问）。这种价值观正好回应了儿童教育中关于“成长性思维”的重要理念。

绘本采用手绘色铅笔技法，色彩温润柔和，画面中不乏童趣与诗意。尽管从今天的审美视角来看，技法上仍显稚嫩、不够成熟，线条与构图尚存在不足，但正是这种未经雕饰的原始表达，体现了笔者当时真诚的审美意图与艺术初心。这是一种探索型审美力的体现，它包含着自我试探、自我修正与不断向未知世界探索的精神。

绘本创作本身也是一种历练，它既是技术表达的训练过程，更是审美力积累的标志。回看这部作品，也许技法并不完美，但正是这种不完美，隐藏着纯粹的创作欲望与真实的心灵表达。

图形艺术的综合审美评判，不应只停留在形式主义的层面，而应深入至审美的三重结构：格调、隐喻与哲思。格调塑造风貌与气质，隐喻承载语言与情感，哲思开掘精神与思想。三者相辅相成，才能构成完整的图形价值体系。

在“看”的背后，是“感”；在“感”的背后，是“知”；在“知”的背后，是“思”。图形的意义，远不止于表面的美观，更在于如何激发人的理解、联想与思考。未来的图形艺术审美，不再只是设计师“给人看”的结果，还应是“与人共思”的过程。在这个过程中，评判图形的价值，不只是对一幅图的评价，更是对人与世界关系的重新定位。

第四章　图形艺术审美：简化

一、图形艺术审美简化的目的及意义

从古代洞穴壁画、半坡彩陶纹样，到现代主义倡导的“少就是多”，再到人工智能技术飞速发展的今天，简化一直站位于艺术与设计舞台的中央，如何对图形进行审美简化，已然成为图形艺术研究绕不开的一个议题。审美简化的底层逻辑在于艺术家用最精练的视觉语言抓住事物的最具代表性本质，使受众在最有限的时间内得以领悟与感染，同时其也是降低能耗与提升效率的必要条件。其并非压缩或简略创作空间，而是通过去除冗余的装饰与技术干扰，将设计还原至最本质的形态的过程。在这个过程中，设计师不再受困于表面和细节的复杂性，而是能够集中精力去审视最基础的视觉元素：形状、比例、色彩、节奏与平衡。通过去除最初创作时的元素堆叠、简化不必要的因素来使最终的设计更加准确，使其更加能够传达创作者想要表达的内涵。

这在利用 AI 进行图形艺术创作时也不例外。AI 在处理图形、生成方案的过程中，如果要准确地传达作品的情感、象征，就少不了人的介入，离不开人的主观能动性。因此，应凭借审美力去简化图形语言，使创作者能够以更加集中的方式施展直觉判断与美学决策。这也包括在掌控创作大方向的前提下选优去劣的减法过程。另外，“简化”还能让设计在不同的应用场景中具有更好的适应性。例如，在标志设计中，简化后的图形更容易缩小且依然保持清晰度，能够适应各种不同尺寸和媒介的应用，在视觉上更具有符号性和普适性。

二、图形艺术审美简化的方法及案例解析

虽然本书中的“图形艺术”是指一种广义上的大艺术概念，但之所以选择“图形艺术”这个词，是因为相对其他相对复杂的视觉艺术如插图艺术而言，其还隐约包括简洁性的意味。既然简洁是图形艺术的一个重要特征，那么如何才能做到简洁？我们所面对的创作素材多数来源于自然、社会、生活，艺术的灵感来源于生活并超越生活，不是直接“搬运”素材，而是对其进行提炼、概括和简化，也就是说要作减法。

既然减法如此关键，那么是否有一种可行的方法论来实现这一目标呢？为了更好地理解和应用审美简化，下面通过一个具体的案例——树懒来说明问题。

1. 几何抽象

审美简化的一个重要特征便是“几何化”或“抽象化”。通过几何抽象的手法，即用相对方整的直线、弧线等去概括原本迂回曲折、烦琐变化的物象轮廓，将一个真实的自然物体转化为更加简洁、概括的形态，同时又保留了物体象的基本特征。

将图 4-1 所示几何抽象树懒素材与图 4-2 所示《几何抽象树懒创作图形》进行对比，可清晰地领悟几何抽象的魅力。在保留了树懒基本特征的前提下，几何概括的策略，以及黑白分布、构成方式的不同，形成的效果与气质也各具风骚。图 4-2 中左图的几何概括更精练，点线面组合更考究，黑白分布更具个性与趣味。

可见，图形艺术中减法的几何抽象不仅是提炼对象，更是在这一简化框架中，创作者直面最核心的视觉问题：布局的平衡、节奏的连贯及形态之间的和谐协调。同时，也关系到如何凸显对象的个性与情感。

对几何要素之间关系的不断反复调整，仿佛设计师在操控一个精密运作的装置，每一个点位的细微变动，都可能引发作品整体张力和视觉节奏的变化。例如，一个角度过于生硬的转折，便可能破坏整体的流畅感；一个比例太大的形状，可能导致视觉上的重心偏移。在去除冗余的同时，艺术家能够聚焦于作品最根本的组成部分，优化其内在结构。

这种简练、显性化的整体结构，更容易让艺术家敏锐地捕捉到作品潜在的问题，而且使受众更便捷地捕获其最核心的信息，而不再被装饰性的细节所迷惑。

这种方法不仅对形式构建的精准度进行了强化，也深化了作品在情感表达和审美传达方面的力度。每一次

图 4-1　几何抽象树懒素材

图 4-2　学生作业（杨晓金指导）《几何抽象树懒创作图形》

对形态的调整，都是一次对视觉本质的深刻探索，每一处细节的雕琢，都为创作奠定了更加坚实的基础。

2. 黑白剪影

如图 4-3 所示《黑白剪影树懒图形》中的两个树懒图形，采用的是图形减法的第二种手法——“黑白剪影”。黑白是色彩明度的两个极，中间的灰度被完全去除。这种设计方式将空间“压缩”到最扁平状，观者的注意力从各种烦琐的体感、色阶层次被引导至大轮廓包围的黑白块面及正负形咬合分割的整体中，形态的核心结构不再被多余的层次细节所分散，从而达到瘦身简化，图形精练且凸显。

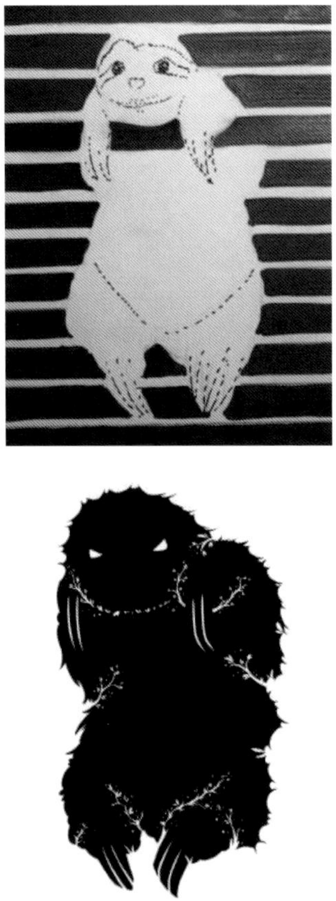

图 4-3　学生作业（杨晓金指导）《黑白剪影树懒图形》

“黑白剪影”瘦身减法通常伴随着“几何抽象”同步进行，黑白剪影负责空间压缩，几何抽象掌管轮廓的“紧身”，两者双管齐下，作品的情感与结构层次得以凸显。

在当下图形艺术被大量信息包裹、视觉快速消费的时代，这种以“简”驭“繁”的审美训练尤为重要。它帮助创作者穿透表层的视觉喧嚣，重新聚焦于图形内部的结构秩序与情绪指向，进而掌握“少即是多”的表达技巧。在视觉信息极度饱和的今天，简化的图形语言使创作者能够高效地传达核心信息，而不被无关的细节所干扰。这不仅在海报、图标、界面等功能性设计中实现了高效的信息传递，也能够在更纯粹的艺术创作中，提炼出跨越语言、文化与经验差异的视觉共鸣。图形艺术的简化方法，以其独特的抽象性和包容性，跨越了不同文化、地域与历史背景，为观者提供了直观的、触动内心的艺术体验。

3. 视角聚焦

视角聚焦方法通过有意识地弱化次要信息、强化核心要素的视觉权重，促使创作者必须瞄准形态的最标志性的部分来传达其核心意图。视角聚焦类似于摄影取景中将画面聚焦在物象最具典型的部位，除去必要干扰，保持其清晰的叙事能力与视觉张力。如一只兔子，它的最大特色是头部的耳朵，这也是其区别于其他同类动物的关键所在。换言之，只要抓住兔子最特色部位耳朵，就等于抓住了兔子的核心，艺术作品的受众也自然可以在第一时间就分辨出这是兔子。

视角聚焦体现了创作者对视觉物象的敏感度，及以最克制、最清晰的语言建立视觉引力场的能力，在有限的表达空间中实现最大限度的信息传递与情感引导。这也是人的审美力的关键体现。

三、图形艺术的独特性变化审美及其意义

谈到图形艺术的独特性，毫不夸张地说其相当于图形艺术的生命，换言之，图形艺术有了独特性，就等于有了 IP，因此也就有了辨识度。

图形艺术的独特性具体如何体现呢？为说明这一点，可将图形艺术拆分为两部分：内容与形式。所谓的内容，是指图形背后的故事或意义，而形式是指图形表面的显现，如形状、点线面、色彩、肌理、空间结构等。图形艺术所承载的意义，如同建筑隐藏于地底下的地基，是其视觉表达的根本支撑，直接投射于其特定的形态、色彩、材质、光影等。好比一个人，他的衣着打扮、言谈举止等是由其内在品格、心灵指向所决定的，换言之，是其内在的外化（当然，不排除一些艺术家纯粹沉迷于“器”的外在形式的乐趣，逆向途中偶遇了其背后内容的“道”）。一个完整的图形由内容与形式两部分构成，有了完整图形的全貌，还只是初步。一个有生命力的图形必需的要素就是独特性，图形内在于骨子里的独特才可能外化为其形式表象上的视觉独特，从而表里如一、特立独行，也正因为图形艺术的这种特立独行，才造就图形艺术为世界奉献了一个全新视角或提供了一个全新主张的价值，这也是图形艺术的意义所在。

图形艺术独特性的诞生绝非偶然，需要依靠人的理性思维与探索，但更重要的是依托于人的感性思维。正如其他一切艺术一样，艺术的最终目的是人，人与机器最大的区别是人天生对复杂事物与情景具有极高且细腻的敏感度，这种敏感度好比审美力的引擎，用于激活人的审美力，审美力越高，发现事物微妙变化即差异性的能力越强，继而促使人的行为特立独行，也自然成就了图形艺术的独特性，即独特性源于审美力。

总之，图形艺术的审美是对表面形式的艳羡，更是对视觉形式背后内容本质的深度的挖掘。这种深度往往体现在独特性生命力中，是艺术家从视觉的表层形式

图 4-4 《兔子图形陶艺衍生品》

进入到内容本质的探究，而这一切均建立在艺术家极高的敏感力、观察力、判断力即审美力基础上，在面对纷繁复杂的物象与环境时，仍能以最清晰和个性化的语言讲述最有力的视觉故事。图形艺术通过这种深层次的审美力，以功能传达和审美建构双重价值，成为连接感知与理解、技术与人文的关键桥梁。

如图 4-4 所示的《兔子图形陶艺衍生品》诠释了图形艺术的表现魅力与演化路径。首先黑白线条图通过简洁有力的线性构成，将兔子的基本形态进行提炼与概括，使原本具象的动物形象转化为极具设计感的图形语言。作为视觉传达与艺术设计的基础，这一平面图形不仅具备清晰的识别性，也蕴含着浓厚的艺术形式美。

在此基础上的陶艺兔子的创作是对图形形象的立体化延展。以泥土为载体，通过捏塑、纹理塑造与细节刻画，将抽象图形赋予温润、可感的触觉质感，使兔子呈现出憨态可掬、亲和生动的造型特征。兔子背上的萝卜装饰不仅增添了形象的趣味性，也营造出富有故事性的场景联想，为观者打开了丰富的想象空间。

从最初的二维图形到三维陶艺形象的塑造，这一创作过程不仅展现了图形艺术在不同媒介之间的自由流动，也揭示了艺术形式的跨界融合潜力。这一形象还可向动画、插画等多元艺术形式延伸，借助不同的技术媒介与材料语言，使兔子的艺术形象持续演化、不断衍生。通过这样的多维转化过程，完整串联起从创意雏形到多样表达的创作路径，充分展现图形艺术从基础构思到综合呈现的无限可能与当代表现力。

四、现代艺术思潮与图形艺术变化审美

20 世纪初，随着现代主义艺术运动的兴起，艺术创作

发生了深刻的变革。图形艺术领域也不例外，创作者从主流写实主义逐渐拓展开来，出现了诸多自由、多样和富有个人意味的创作态势，同时也促进了审美力的拓展与转向。

在现代艺术思潮的影响下，图形艺术的审美从主流写实、过度装饰向抽象、简化、符号化方向转变，从之前追求的物象的细致再现，向内容上强调主观感受与形式上侧重夸张、抽象、构成感转变。诸如立体主义通过打破透视规律，呈现物体的多角度；表现主义则用扭曲的线条和夸张的形状表达强烈的内心情绪。这些流派改变了人们对“美”的理解，使图形艺术从主流的对客观世界的模仿，转向对基于客观对象的主观经验与想象力的多维度的呈现，也开始关注构成要素本身的情感表现力，以及它们在视觉语境中所引发的感知和联想。“表现”很大程度上抢占了原本主流的“再现”的空间，成了艺术界一直延续至今的关键词。

紧随其后的后现代主义则进一步影响了艺术生态的审美秩序，使之进入了一个多元解读、去中心化和强调语境的阶段。图形艺术越发符号化与强调观念传达，主动回应社会、政治与历史成为常态，作品也常常带有批判、解构或反讽的意味，这些变化极大地丰富了图形艺术的审美意趣，审美评价越发复杂，涉及文化认知、社会背景和观者经验的多重解读。

与此同时，科学技术的迭代不断推动图形艺术与其他媒介的融合，艺术的边界进一步模糊，包括传统意义上的国、油、版、雕早已难以独善其身，版画介入数字艺术、油画交叉影像艺术，其他如互动媒体、虚拟现实等更是呈现出明显的综合性，跨媒介、跨平台、二维、三维、静态、动态、开放与体验性混搭已成为常态。

但科技带来的便利也引发了新的审美危机，尤其是人工智能与算法生成艺术的快速应用，使创作过程越来越依赖数据驱动。AI可以在短时间内生成大量图形方案，模仿不同风格，甚至实现部分形式上的创新。然而，这些自动生成的设计往往缺乏清晰的情感指向和文化深度。它们是基于统计模式和已有样本的产物，而非源自真实经验和情感的流露。随着AI能力的提升，艺术创作“是谁在创作”的问题被重新提出。这同时也扰动了原本的法律、道德与伦理的边界。

以上分析的种种转变，最重要的是由之前占主流的“再现”现实转向“表现”观念，以及协同科技创新背景下的艺术形态的演变，即综合交叉跨媒介的拓展模糊了原本的艺术边界，主观形态、色彩、比例、结构和节奏的变化与创作者自己的态度、情绪和文化立场等，即作品的表面形式与其创作者的情怀进入了深度交汇和联结共振。可见，这一改变，其实是艺术家与受众的情感的深度激活，即“审美力”的拓展与提升。

正是在这一背景下，图形艺术的“审美力”显现出不可替代的核心地位。一个创作者的审美力体现在其面对复杂图形关系和技术选择时，所展现出来的综合感知、判断与调整的能力。具体包含对自我的心理感知如何转化为视觉的张力、比例节奏、细节变化，也包含对观者心理反应的预判，艺术家能否识别出一个图形中微妙的不协调、能否捕捉到形式（尤其是抽象形式）背后潜在的情怀与文化指向，这些都需要审美力的强大支撑。

与 AI 不同，人类创作者的审美力不是在大数据中寻找平均值，而是在直觉和经验中做出判断。图形设计中的一根线条、一个色块，哪怕是轻微偏移，都会引起情感语调的变化。AI 很难理解这些“非逻辑”的选择，也无法在创作中进行“意图性”的情感表达。而人类设计师正是凭借这种对视觉语言细腻的掌控，使作品在形式之外具备了感染力与思想深度。

因此，在 AI 可以批量生产图形内容的今天，图形艺术审美力不仅没有被边缘化，反而成为真正决定作品价值的关键因素。创作者的角色也从“执行者”转向了“审美决策者”。他们在 AI 提供的技术结果基础上，进行选择、删减、优化，注入情感与个性，赋予作品明确的方向与内涵。每一个视觉选择的背后，是创作者对形式、情感与文化的综合判断，也是他们将技术转化为艺术的方式。

审美力使创作者在技术与工具面前保持主动与独立。它不是对抗 AI 的手段，而是与 AI 协作的核心价值所在。在这个被数据驱动的时代，图形艺术的未来不仅取决于技术的进步，更取决于人类是否还能用视觉语言讲出真正有温度、有灵魂的故事。

五、图形艺术审美的破与立变化及案例解析

在图形艺术创作中，形式上的“减法”常常是风格提炼的第一步，而“变化”是塑造个性与独特性的关键手法。所谓“图形变化”，就是在简化之后，使形象脱离人们习惯的视觉经验，以意想不到的方式呈现。这种“异类化”的策略，不是随意变形，而是通过解构、重构、夸张、变形、错位等方式，使图形更具个性、巧妙性、美观性的表现力和记忆点，从而更有效地传达更深的情绪或文化意味。

如图 4-5 所示的左图为笔者在学校食堂电梯旁所见的标志，加上其张贴的位置与色彩等显得特别醒目，职业的敏感及审美力使然，笔者每每见到它都感觉莫名的碍眼与缺憾，破坏改进、重新立起该标志自然成为笔者的想法。

图形标志破与立改进依据如下。（1）在上面垂直的手与下面平躺的字的面积不悬殊的前提下，方向上的对比明显感觉突兀与僵化，将手往右倾斜旋转，赋予动感，与下面文字更调和的同时，更增强了手作为主体的视觉冲击力，更容易引人注意。与此同时，电线与手碰撞出的火花交汇点由于手的右旋而获得位置上的提升，处于上下左右的黄金分割点的最佳视觉位置，刚好突出了火花交汇点在整个标志中的重点地位。（2）左边电线所占面积（长度）缩短，而加大手，强化主次与节奏关系。（3）将手内粗细、长短平均的“闪电”

图 4-5 《学校食堂所见的标志优化》

改成渐隐状态，增强“电”的危险与威力，同时进一步强化作为重点的火花交汇点的视觉强度，画面也更富节奏感。（4）左边电线绕一小圈，增强电线识别性，同时也制造了一个“点”，起到了再一次“聚焦”线与火花重点部位的作用，同时丰富了整个标志的点线面交响的“形式语言”。（5）左边电线与手内闪电在方向上做了一致顺延的处理，这样更纯粹，气流更通畅。（6）原电线与手间溅出的上下两个闪电火花太细且平均，将其有区别地简化及缩放后与手内的闪电形成“哆来咪”音乐性，美感迅速提升。

1. 图形艺术审美的“比例异动”

下面讲述图形艺术一种常见的变化方式——“比例异动”，其是指打破与改变物象原本的常规比例，从而有效地使物象达到个性化的方式。例如，日常认知中人的身体结构一般是七个半头身、头与肩宽有一定的标准比例，但当改变这种结构时，如把头变大、四肢变细，人物便会立刻跳脱常态，“陌生感”立现，也因此更具表现力。

这种夸张的比例，并不是为了哗众取宠，而是有着情感和表达上的动因。例如，莫迪利亚尼会把女性的脖子画得修长，以强化柔美；韩美林会夸张女性的臀部，表现生命力与母性特质。在他们的作品中，比例的变化是为情绪服务的，是为了使人物的某种“特质”更鲜明。

如图 4-6 所示的青花瓷《发梢是树的少女》是笔者于 2014 年第一次去景德镇时创作的瓷版画。高约两米、窄幅长方形的构图限制，恰好为笔者提供了一个尝试“比例异动”的空间。刻意夸大了人物的头部比例，使五

图 4-6　青花瓷《发梢是树的少女》

官尤其是眼神和嘴角的表情成为画面的重点，希望传达一种轻松、愉悦，甚至略带调皮的情绪。相应地，身体被大幅压缩，手脚细小却灵动，起到衬托情绪的作用。

第一幅画中，人物站在地上，头发高高束起，向上延展成一棵树，树上还有小鸟。这个设定强化了她与自然之间的联系，也象征着自由、生长和轻盈。而第二幅画则像是她的“水中姐妹”，即人物倒挂在画面上方，长发向下垂落如同水草，缠绕着鱼和水波，整个画面像是在水中漂浮。

这两幅画，一个少女在陆地，一个少女在水中，她们在构图和意象上互为呼应，虽然来源不同，但都带有一种梦境般的不真实感。她们并不属于日常生活中的真实人物，更像是从记忆、幻想或情绪中“长”出来的形象。这种“超现实”的处理方式，一直是笔者在创作中感兴趣的方向。

头发在画中成为一个非常有表现力的元素。它不再只是发丝，更是变成了树枝、藤蔓、神经，甚至是线索。它延续了人物的情感，也扩展了图形的空间想象力。身体则成为一种辅助性的结构，使观者将注意力集中在面部所传递出的欢乐和自在。画中想传递的情绪既不压抑，也不紧绷，而是一种能够微笑、能够发呆、能够享受自然的状态。

笔者原本只打算画一幅，但完成第一幅后，产生了将其延续成系列的想法。这种创作冲动，是一种非常自然的内在推动。于是第二幅作品顺势而生，不是刻意计划的结果，而是感知驱动下的回应。

总结而言，这两幅作品都是围绕“图形减法”后的“变化”展开的实践探索。它们在结构上追求简洁，在比例上追求夸张表达，在气质上追求轻盈与自在。笔者并不追求再现现实，而是想象一种更有趣、更柔和、更自由的存在方式。

如图 4-7 所示为作品《十二生肖》。十二生肖作为中华民族的文化瑰宝，承载着深厚的民俗记忆与艺术智慧。在审美意趣多重转向的当下，十二生肖的品相也必然与时俱进，才能映入当代观者的视野，进驻消费者心里。而原始、本真、喜感无疑为当下审美的重要趋势之一，作品以庆阳香包为灵感源泉，打破常规的视觉表达，通过解构与重构传统视觉元素，探索使民俗文化符合当代人审美的转译路径，保留其浓郁的色彩与质朴的工艺，同时融入让·杜布菲的“原生艺术”对原始美学的追求。具体操作为通过“比例异动”改变原本造型常规的比例。例如加大兔子的头部，缩小羊的头部，大大强化兔子的耳朵等异动，从而让造型透露出无标准比例的、随性的松弛感、原始感和陌生感，改动之后也多了一份可爱感。如此，既传承又现代，在保持文化认同的同时，建立起传统符号与现代生活的精神联系，让古老的民俗智慧在新的时代焕发独特魅力，重新诠释生肖文化的当代价值。这种跨时空的审美对话，既是对民间艺术的致敬，也是对传统文化创造性转化的探索，让古老的生肖符号在新的时

图 4-7 黄钰、杨晓金《十二生肖》

代语境下焕发独特魅力，与当代人的审美期待产生共鸣。

“比例异动”在视觉构成中有意识地打破常规比例关系，通过局部放大、缩小、压缩或拉伸等形式，营造出视觉上的张力与不协调中的平衡感。这种比例上的“失衡”并非错误，而是一种经由审美判断作出的选择，旨在突出视觉重心、激发情绪共鸣，或传达特定的象征意义。例如，人物四肢被刻意拉长或压缩，可以强化动作的动态感，或者赋予画面夸张、幽默、奇异的视觉效果。相较于标准化的比例秩序，比例异动赋予作品更多表现空间和主观温度，使图形语言超越纯粹的形式美，成为富有表达力与艺术意图的视觉载体。这种技法不仅展现了创作者对形式规律的深刻理解，更体现了其打破规则、重塑秩序的审美能力。

2. 图形艺术审美的“局部变更”

在图形语言的创作中，“局部变更”也是一种典型且富有表现力的异化手法。它通过对身体某一部位的替代，打破现实中的逻辑构成，从而赋予角色新的性格特征和情感指向。这种方式往往与超现实主义有关，它不再遵循再现自然的路径，而是利用“非现实”的拼接制造出强烈的视觉印象和象征意涵。“局部变更”的魅力正在于此：它不是简单地为了“好看”而改变，而是通过对结构的局部干预，使形象的心理信息更加集中、更加有力。这种处理方式既保留了角色的识别度，又打破了惯性认知，使整个画面具有符号化的现代表达特征。

“局部变更”的方法体现了图形设计中“变化”策略的精神：在形式上制造突变，在内容上加强指向，在视觉上构建冲突，在情感上唤起共鸣。通过局部的替代，使角色拥有不同于传统再现的表现力，也让整个图形具有更强的艺术说服力和视觉记忆点。除此之外，局部变更不仅在强化人物性格方面具有强烈的表达力，也能通过形式上的转化，达成“一形多义”的视觉语言效果。

如图 4-8 所示作品《看得见的石榴》及图 4-9 所示作品《生长于我》是笔者为视觉传达专业毕业设计创作的海报插图之一，虽然当时文字部分尚未编排，但单从图像本身来看，已经具备了非常明确的概念诉求和图形策略。

《看得见的石榴》以“石榴”为基础形象，灵感源自中国传统的“榴开见百籽”的意象，象征丰收、成熟、硕果累累。在视觉层面，笔者没有直接描绘现实中的石榴籽，而是通过局部替换的方式，将原本的石榴籽替换成了一只只“眼睛”。这种替换不仅使画面产生了强烈的视觉陌生感，也赋予了石榴“观看”的能力。替换的眼睛，具象了“视觉传达”这一主题所强调的核心价值：观看的丰富性、观察的深度及信息感知的多元性。石榴的外壳象征成果，内部的“眼睛”则象征视觉的洞察。这种图形组合突破了物象的原始结构，使单一的果实成为象征性与功能性并存的图像载体。

从形式语言上看，这幅作品在点线面之间做了充分的节奏安排。石榴籽“眼睛”形成了连续排列的视觉节奏，果皮的轮廓则以大块色彩与弧形曲线营造稳定感，点的跳跃与面的大色块形成视觉对比，增强了画面的表现力与图形的独特性。这是一种将局部替换与形式美感结合得非常紧密的设计策略。

图 4-8 《看得见的石榴》

作品《生长于我》也具幻想性。整幅图像描绘了一位人物的侧脸，其头发被替换为成束的绿色藤条或叶片，与自然界的草木高度相似。头部的局部替换，使人物仿佛与植物融为一体，呈现出一种人与自然深度联系的超现实状态。在这头“叶子”中，还穿插着一只只色彩跳跃的鸟儿。这些鸟儿不仅打破了叶片的单调节奏，也在视觉上形成了“点”与“线”的对比关系：叶片是线性、密集而连续的，而鸟儿是跳跃、瞬间而轻盈的。这种“点线之间的对话”使整幅画充满了生命的呼吸感，也延续了笔者在视觉创作中体现的对自然意象的深厚情感。

图 4-9 《生长于我》

从情感层面来说，这幅作品表达的是一种对自然的向往和亲近，它不是简单地画一棵树或一只鸟儿，而是通过身体和自然元素的融合，将“自然”内化为身体的一部分。头发变成植物，是一种身体的生长；鸟儿飞落其间，是一种内在生态的回响。这种处理方式正是笔者所理解的图形异化中“情感渗透”的重要体现，不仅个性化了图形，也激活了观者的情绪联想。

总结而言，这两幅作品分别从两个角度展现了“局部变更”的多重价值：一是通过替换石榴籽为眼睛，达成视觉传达的象征表达，形成一形多义的效果；二是通过将人物头发替换为植物，并引入鸟儿元素，构建人与自然共生的意象。这种图形的重组与嫁接，不只是形式的“玩味”，更是对人文情感、生态想象和视觉语言融合的一次实践。

“局部变更”是图形艺术中一种通过将图形的局部替换为性质完全不同的物体或形态，来制造视觉张力与概念错位的技法。在不破坏整体结构识别度的前提下，这种方式引入陌生元素，打破常规认知，激发观者的联想与情绪反应。例如，将人物的手部替换为树枝，或者将建筑的窗户替换为眼睛，既保留了图形原有的结构逻辑，又通过局部的突变引出新的象征意味或叙述线索。这种技法不仅考验创作者对整体构成与局部变化的掌控力，更体现其在形式重组与意义建构中的审美判断，是图形艺术富有表现力与思维深度的重要手段。

3. 图形艺术审美的“异形互融”

“异形互融”是图形艺术的一种技法，是指将两种或多种截然不同的形态、风格或元素融合在同一作品中，通过巧妙的视觉处理使其在画面中产生和谐、统一的效果。通过对比与冲突的形式创新，将本不相关的元素在色彩、比例或形态上找到共通之处，实现视觉上的层次感与新颖感。这种技法不仅挑战了传统形式的界限，还能够表达创新、跨界或融合性的主题，要求创作者具备强烈的审美判断力和跨领域的创造力，从而使不同形态在视觉与表达上有机共生。

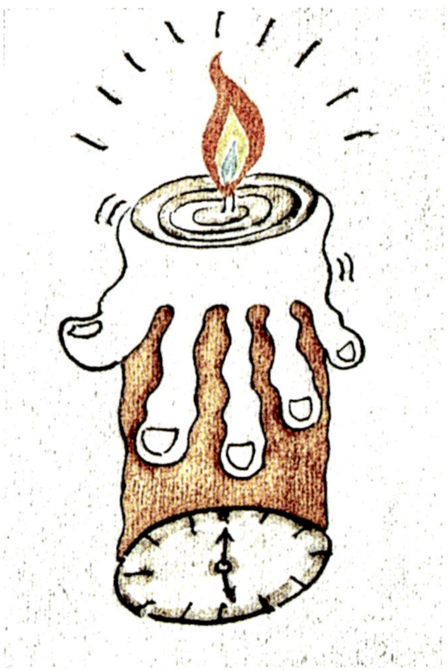

图 4-10 《握不住的时光》

如图 4-10 所示的作品《握不住的时光》体现了异形互融手法。在这幅作品中，蜡烛与手、时钟元素的融合，形成了具有象征意义的画面。作品的灵感来源：“蜡炬成灰泪始干”。创作这幅作品时，笔者感受到了时间流逝带来的焦虑，这种情绪通过蜡烛的形象得以表现：蜡烛逐渐燃尽意味着时间快速地流逝，“抓住”时间算是本能的条件反射，然而蜡烛依然在燃烧，时间无法被阻止，努力的徒劳感与焦虑感，成为作品的情感核心。

在图形表现上，蜡烛的火焰与手部的动作进行了异形互融。蜡烛与手的形态虽然原本属于两个完全不同的对象，但通过局部替换与形态的融合，它们在画面中形成了一个自然且富有象征意义的整体。蜡烛与手的手指融为一体，象征着“握住时间”的渴望与不安；同时，蜡烛熔化的过程也是时间流逝的过程，手则代表了对时间流逝的无力感与焦虑感。

另外，画面中的时钟与蜡烛的结合，更加深化了异形互融的表现效果。时钟的存在本是对时间流逝的提醒，而蜡烛的逐渐消逝强化了这一主题。通过蜡烛与时钟、手的结合，作品打破了现实中的物象界限，呈现出一个“时间与手、蜡烛”相互交织、相互渗透的图形。每一个元素都在视觉上被转化、重组，从而赋予原本常见的对象以全新的象征意义。

在情感层面，异形互融不仅是形态上的结合，它还传递了焦虑与对时间流逝的感叹。手的颤抖与蜡烛的缩短形成了情感的张力，而这张力正是通过异形的融合来传递的。这不单是两个物体的形态叠加，更是两种象征的交汇：一方面，蜡烛象征着有限的时间；另一方面，手象征着对这段时间的渴望和努力；但两者的结合却体现出无力改变的事实和内心的挣扎。

总之，这幅作品通过异形互融手法，将蜡烛、手与时钟等元素融合在一起，形成了一个富有象征性和情感张力的视觉语言。这种手法不仅打破了传统的形态边界，也使画面充满了层次感和思考空间，同时强化了作品关于时间、焦虑与无力感的情感主题。

如图 4-11 所示作品尝试运用这一手法展现“自然”这一概念的生命共同体——植物与动物的相互交融。设计的核心概念是“自然”二字，作为汉字的结构载体，需要在其框架内展示植物与动物的融合。经思考得出，大象和树叶是最合适的象征代表（大象吃树叶也是常态），大象以其庞大、稳重的形象代表了动物，而树叶以其轻盈、生命力强的特质代表了植物。两者的结合，在自然中是相辅相成的，它们共同构成了自然界中植物和动物的典型关系。

另外，汉字“自然”本身的结构又是一种“镣铐”，它要求在表现时必须忠实于文字本身的可读性，经过多方面磨合思考，大象与树叶这两个元素巧妙地融入了汉字结构中，实现了形式与内容的统一。通过这两者的视觉融合，不仅表现了自然的生命力，还在汉字的框架中创造了视觉上的巧妙与和谐。

在形式构成方面，大象的耳朵和树干的结构形成了视觉上的平衡与节奏。大象的耳朵和身体部分占据较大面积，而树干在视觉上起到了支撑的作用。树干的微微倾斜与大象后腿的支撑相呼应，共同构建了稳固的力量感。设计通过细节的处理，表达了大自然的和谐美感，树枝和大象的结构在画面中创造了点线面的对比与节奏，而这些对比在视觉上达到了一种“疏密有致”的效果。

图 4-11 《“自然”标志设计》

此外，这幅作品采用了篆刻的表现形式，这一传统艺术形式强调破与整的关系。在这幅作品中，右下角的破损部分与其他整齐的部分相对比，增强了整个图形的张力。篆刻的均衡美感通过大象和树枝的自然结合得到了延续。树枝微微倾斜，而大象的后腿支撑起画面的稳定性，形成了视觉上的和谐与平衡。

总体而言，这幅作品不仅在形态上实现了异形互融，也在审美和情感上完成了多重层次的表达。通过大象与树叶的巧妙融合，作品成功传达了“自然”这一概念，体现了植物与动物、生命与力量的和谐美感。

图 4-12 《垂柳、桥与小松鼠》

如图 4-12 所示作品为《垂柳、桥与小松鼠》，其情趣表达特色分明，以“天堂伞”为载体，将杭州的自然风光和文化意象融合在一起，伞面上画着蓝天和垂柳，是杭州典型的自然景色。画了苏堤上的四座桥，而不是全部六座，是为了在画面构图上形成更合理的疏密关系。垂柳及活跃在柳枝间的小松鼠，加上不远处的三潭印月，将笔者记忆中西湖最典型的景象综合呈现出来。

小松鼠吊在伞柄上的形象，是特别设计的趣味细节。它手握着钓钩，隐喻“愿者上钩”，愿意听从上面小松鼠的任意“调遣”，“爱情之都”得到实锤。这把“天堂伞”，其实就是笔者心中杭州的一个画面缩影。它既有自然的元素，也有文化的故事，是笔者与杭州之间情感联系的具象表达。

4. 图形艺术审美的“正负辉映”

“正负辉映”是图形艺术的一种技法，通过巧妙利用正形与负形的相互对比与呼应，创造出具有层次感和视觉冲击力的效果。在这一技法中，正形指的是图形中的主要形状或图像，而负形是图形中未被填充的空白区域或反向形状。通过对正负空间的平衡与协调，设计师能够增强作品的可读性、趣味性及象征意义。

“正负辉映”技法的关键在于通过负形的巧妙运用来强化正形的视觉效果，或反之。在一幅作品中，负形可能构成了一个图形的轮廓或隐喻性形状，使空白本身成为构成图形的一部分，而不仅是背景空间。通过正负空间的互动，作品不仅能在视觉上产生对比效果，还能通过形状的融合与分离传达更多的情感或概念。例如，著名的黑白图形“鲁冰杯”就是一个极佳的“正负辉映”的案例。

在艺术家方面，埃舍尔及福田繁雄等都是“正负辉映”的运用大师，在这里不做赘述。

5. 图形艺术审美的“材质变换”

“材质变换”是图形艺术的一种技法，是在同一作品中，通过改变图形元素的材质感，使其呈现出不同的视觉质感和效果。这种技法并非简单地将某一材质赋予另一物体，而是在同一图形或设计中，运用不同的材质表现方式，创造出肌理对比和层次感。在一幅绘画作品中，艺术家可能将画面中的树叶表现为细腻的布料纹理，而将背景的天空表现为粗糙的石质感，借此传达不同的情感或氛围。“材质变换”不仅能增强作品的视觉吸引力，还能通过材质的不同质感来传递特定的情绪或象征意义。

如图 4-13 所示作品《向杜布菲画致敬》是笔者临摹的杜布菲的作品。杜布菲的“原生艺术”表达了对个

图 4-13 《向杜布菲画致敬》（临摹杜布菲作品）

性和自由的追求。随着物质生活的提升，人们对自我表达和个性化的需求越来越强烈。杜布菲的作品回应了这种需求，让人们摆脱束缚，回到自然和真实的状态。他不拘泥于传统的艺术规则，而是通过画作直接表达自己的情感，他的作品没有复杂的计划或约束，而是让情感自然流露。这种方式使人联想到回到家中，远离工作的压力和外界的束缚，回归最真实的自己。

尤其是在材质运用方面，杜布菲在创作中对泥土、砂石、树枝、布条等无所限制，为现、当代艺术家提供了宝贵的经验。杜布菲的艺术能够触动人心，因为它符合人们对自由和个性化的渴望，无论是陶艺、油画还是其他形式，杜布菲的作品都表达了这些思想。他的艺术让人们感受到解放，帮助人们找到内心的平静。

为了尽可能地切身体悟理解杜布菲，笔者特别在山地里挖掘了不同色彩的沙土等材料，尽可能还原地临摹了他的作品，亲自体验和学习他的创作方式，零距离地理解他的艺术。笔者不仅对其画作惊叹与仰慕，更为他的生活态度和状态所感染，从而不自觉地将他这种思想融入自己的创作和生活中，这不仅帮助笔者提升了艺术技巧，也使笔者更加关注自我表达和情感流露。

6. 图形艺术审美的“技法呈现”

“技法呈现”是图形艺术的一种技法，是指设计师通过运用不同的画风、绘画技巧或设计手法，在同一作品中进行创意转化和表现，赋予作品独特的视觉效果。通过对传统技法的创新性运用，设计师能够在作品中实现风格的多样性和技法与技术的融合。例如，设计师可以将传统手绘技法与现代数字绘图相结合，或者将极简主义与复杂的装饰风格进行混搭，从而创造出新的视觉语言。“技法呈现”通过这些技法的变更与组合，不仅增强了作品的表现力，还赋予了作品更加丰富的层次和内涵。

这种技法通过创新的表现形式打破常规，挑战设计的传统界限，使作品在视觉上呈现出新的冲击力与吸引力。设计师通过对不同画风和技法的巧妙组合，能够在统一的视觉框架内形成对比与冲突，找到不同的设计元素在色彩、形态或构图上的共通点，产生和谐的整体效果。这种方式不仅能够展现设计师的创新能力和技术掌控力，还能够传递多元化的创作主题和情感，这要求设计师具备强烈的艺术直觉和多元思维，使作品能够在视觉语言和表达上达到高水平的统一与创新。

如图 4-14 所示的作品是笔者指导的学生作业，同一个松鼠素材，使用不同的技法，透露出不一样的面貌与气质。

7. 图形艺术审美的模糊性与不确定性

图形艺术的模糊性与不确定性，是它区别于语言和摄影等其他艺术的表达形式的重要特征之一。在图形艺术中，视觉符号的极简化表达带有抽象性和开放

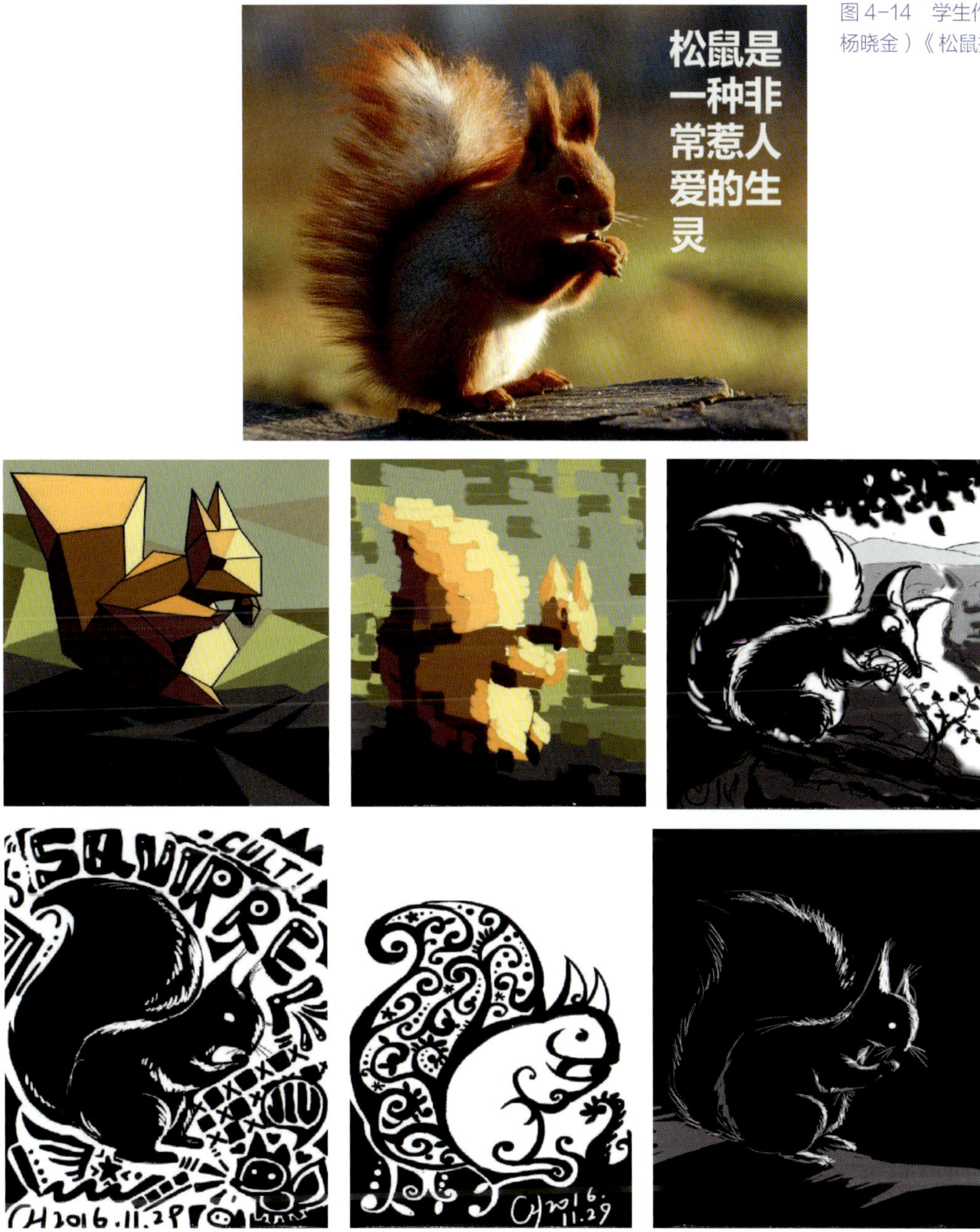

图 4-14　学生作业（指导老师：杨晓金）《松鼠技法实验》

性，它也许并不追求确定性的答案，但总是激发观者的感知、联想与主观解读，打破日常经验的直观逻辑，引导观者摆脱惯性思维，进入更自由的想象与图形的梦境中。康定斯基在《艺术中的精神》一书中提到，抽象艺术不应该只模仿自然，而应该通过色彩、形状和线条来表达艺术的精神。他认为，艺术不应给出明确的答案，而是通过模糊性和不确定性来激发观众的情感反应。这种模糊性、不确定性也一定程度上受现代哲学思考如存在主义、现象学及解构主义等"去中心化"思想的影响。这种模糊并非混乱，它保留了必要的结构感和可识别性，却避免了信息的过度明确。这种模糊性不仅使作品具有更高的审美张力，还赋予其深远的延展性。在当今快速消费的视觉环境中，不确定性成为延长观者注意力、唤起其情绪共鸣与引发其思考的有效方式，使作品能够在寂静中传达复杂的意义，从而增强了艺术的包容性与深度。因此，模糊性与不确定性不仅不是图形设计的局限，反而是其最具表现力的美学策略之一。

正是由于这种"模糊"与"不确定性"的存在，图形艺术能够突破文化、语言与时代的壁垒，以一种更原始、更直觉的方式直接触及观者的感受层面。它无须依赖具体的叙述，而是通过形状、节奏、空间、质感等要素的微妙变化，引导观者参与意义的建构。观者因自身经验、情绪和认知等区别，感受到的内涵与情感也不同，进而实现图形艺术与个体之间的深层情感共鸣。图形艺术的模糊性也赋予了作品更大的可变性与生命力，一个开放结构的图形，可以根据应用情境、观者视角乃至时代背景的变化不断被重新解读并赋予新的意义。这种"动态意义"的生成，使图形艺术更具备思想张力与文化延展度。

因此，图形艺术中的模糊与不确定性，不是表达的障碍，而是一种促使观者深层次参与的策略，是让艺术回归"感受"与"想象"的路径，也是激发创作者审美判断与表现自由的重要空间。它使图形艺术不仅是传达信息的工具，更成为情绪、思想与感知的催化剂。与此相比，AI 生成的图形尽管在形式上可以高度仿真、丰富多样，但其往往趋向于逻辑清晰、结构稳定的输出，缺乏对"模糊性"与"不确定性"的敏感调控。这种差异恰恰体现了人类创作中不可替代的审美判断力：人类能够在不确定中选择"保留"而非"填满"，能够在形与意之间建立张力，而非将意义简化为图像指令的执行。正是这种不确定性，使图形艺术作品能够超越数据与算法，注入人类的情感温度与思想深度。图形艺术不仅是视觉的表达，更是一种对复杂感知与情绪状态的开放邀请，正是这一点，使其成为 AI 难以模拟的，深植于人类经验与美感中的艺术。

如图 4-15 所示作品是笔者已毕业研究生舒宁同学的作品，她本科背景为动画专业，对造型有着极深的造诣。当高造型造诣遇上了陶瓷高温色釉，碰撞出了笔者所见过的第一本猫主题的陶瓷高温色釉绘本作品《妈妈喜欢什么？》（这也是其双盲审成绩均优的毕业创作）。作品旨在展现陶瓷高温色釉所呈现的不确定性

图 4-15　舒宁　陶瓷高温色釉绘本《妈妈喜欢什么？》

的魅力。在 AI 时代，这种不确定的高温窑变的魅力显得尤其弥足珍贵。这种一半靠人、一半靠天的艺术表达，使作品呈现出松弛、自由的状态，打破了机械制造的精确性与严谨性。它将陶瓷的结构、艺术家的预设计划与自然的偶然性结合，创造出强烈的视觉冲击力和情感感染力。

如图 4-16 所示是学生采用脱胶技法创作的作品。该作品中，不可控性得到了充分体现，一部分是艺术家可以掌控的，而另一部分交给自然，得到的效果很独特，而且更具有韵味与魅力，给观者无限的想象空间，为作品注入了全新的生命力。脱胶技法所产生的艺术效果不仅打破了传统艺术的限制，也体现了现代艺术的精神。现代艺术探讨的正是这种不确定性与自由表达的价值，每一个变化都是对固有艺术观念的突破，展示的情感与思想能与观众产生强烈的共鸣。正是这种不确定性或偶然性，赋予了作品生命，使它充满了新的表现空间。

总体来说，无论是陶瓷高温色釉作品还是脱胶作品，都代表了不同的艺术探索和技法表现。尽管它们在技法和风格上有所不同，但都通过不确定性或偶然性带来了丰富的艺术体验，让大众感受到艺术的自

图 4-16　学生作业（指导老师：杨晓金）脱胶画《水乡》

由性和创造力，突破了传统的艺术界限，并为现代艺术提供了更多的可能性。

8. 图形艺术审美的抽象性与情绪

谈到抽象形式，不得不提及毕加索的立体主义和康定斯基、蒙德里安、马列维奇的抽象主义。他们的思想与创作综合地推动了抽象图形艺术的发展。毕加索的立体主义作品虽透露着明显的抽象形式和意味，但他的作品是基于“现实”结构基础的解构与重置，或多或少有着可识别的自然物象的影子，是对现实世界的变形与再诠释，始终保持着与具象世界的联系；而康定斯基、蒙德里安与马列维奇的作品属于纯抽象，他们的作品旨在完全脱离具象世界，追求形式本身的精神性、普遍性、纯粹性。以上分析可见两种抽象模式侧重点各异，互相不可取代，也正是前辈大师们的各自迥异的探索，才构成了抽象艺术的整体面貌，这也为艺术与设计界的借鉴与启发打开了一扇窗，在日后的建筑、产品、广告等各类图形艺术的实践中广泛应用。

图 4-17　毕加索《梦》

图 4-18　毕加索《哭泣的女人》

对于图形艺术的抽象形式，笔者在这里更想侧重谈一下毕加索式的抽象，这与之前提到的本书定义“图形艺术”指的是有一定可识别“形”的所有视觉艺术的统称相一致。在这里，借助毕加索的两幅作品来做一下探讨，具体来说是图形艺术中点线面的样式与情怀之间的对应关系。情感虽然是复杂而细腻的，但笔者始终认为无论是艺术历史还是现象社会的诸多案例，这些细腻的情怀是可以透过视觉语言展现出来的，它可以与视觉语言点线面和色彩等形式在一定程度上进行一一对应。

如图 4-17 所示毕加索《梦》及图 4-18 所示毕加索《哭泣的

女人》这两幅画分别体现了鲜明的情感对比：一幅展现甜美、幸福与畅快，另一幅则表现沮丧、压抑与苦涩。这两幅画分别是毕加索与情人的关系的两种截然不同的情感表达，体现了毕加索对情感细腻变化的洞察力与表现力。第一幅画中甜美、幸福的女人，通过相对饱满的曲线来表达其柔软、温和和甜美，色彩热烈，充满阳光，仿佛是春天暖煦的阳光洒在人物身上。而在《哭泣的女人》这幅作品中，毕加索通过相对干瘪、尖锐的线条和苦涩的色调（如黄绿色，类似苦胆的颜色）传达沉痛与绝望；这种强烈的视觉反差不仅让人感到不安，还传递出一种基本无法接近的压迫感，仿佛靠近她就会被戳伤。

通过这两幅作品，毕加索展示了如何巧妙地运用点线面与色彩来精准地对应不同情怀的表达。从幸福到沮丧，在视觉语言上，他的画面呈现了从色调到形状的精准匹配，展现了他在审美表达上的高超技艺与在情感上的深刻洞察力。

点线面在抽象艺术中的运用，能够使情绪变得具体可感，毕加索在这两幅作品中，正是通过点线面的精确运用与解密，成功地将抽象的情感以视觉形式呈现出来。幸福的情感通过相对饱满、柔和的曲线与热烈色彩的使用得到展现；而《哭泣的女人》通过干瘪、尖锐的线条与苦涩的色调表达了悲伤和压抑。

这种对比为我们提供了很大的启示：情怀的表达应与点线面的处理紧密结合，选择不同的形式来表达不同的情感。这种精准的形式与情感的契合，不仅展示了毕加索在抽象表现上的高超技巧，也为我们如何通过图形语言传递情感提供了宝贵的思路。例如，在图形中，一个三角形在不同的结构与倾斜角度下，可能传达出“稳定”或“危险”的情绪感受；曲线的起伏与流动能够引导视线的节奏与方向，形成视觉的动感；而留白的运用，则调控着视觉的呼吸感与整体的张力平衡。正是这些看似简单的形态与结构，构成了图形艺术所独有的、可被精确训练的感知逻辑。

如图 4-17 和图 4-18 所示的这组作品在图形艺术的表达中占据了一个非常独特且富有创新性的领域，相比于其他图形艺术，它更加聚焦于情绪的视觉呈现。特别是在当今 AI 与高科技迅猛发展的时代背景下，人的细腻情感与性格波动，恰恰是人与科技之间最具差异性的核心特征之一。因此，将情绪作为图形创作的出发点，不仅具有现实意义，也具有深刻的时代价值。

如图 4-19 ~图 4-27 所示作品是笔者以兔子为例向毕加索及康定斯基等致敬的偏抽象（至少半抽象）的图形实验作品，通过点线面这三种最基础的图形构成元素，建立起与各种情绪状态精妙联系的构成方式。每一种构成方式都可以与一种特定的情绪形成一一对应的关系，从而使抽象图形成为情绪传达的媒介。除毕加索外，这种创作思路也深受康定斯基与蒙德里安等抽象主义大师的启发，他们强调的形式、色彩与内在精神之间的联动机制，也为本组作品提供了理论支持与美学根基。

接下来，笔者从这组作品中挑选了几幅具有代表性的作品，解析它们所对应的情绪表达方式，探讨如何通过图形构成解读人类复杂而微妙的情感世界。

如图 4-19 所示，《内敛羞涩兔》是由线条构成的图形，是对一只内敛与羞涩的兔子的情绪状态的视觉化诠释与象征性转译。画面整体轮廓笔直端正，毫无倾斜或外张之势，宛如一个内向含蓄之人，在某种紧张情境中不自觉挺直身体、强作镇定的姿态。这种僵直、拘谨的外在姿势，正是内心紧张与羞怯的真实写照。

兔子微微闭合的眼睛、耳部及手臂由向内收缩的带有箭头的线条组成，仿佛在回避外界的目光，传达出一种不愿直视、不敢面对的紧缩、羞涩的心理。垂直且由于收紧而显得相对瘦高的体态等的综合显现，使一只内心抽搐、自我压抑、不安的“内敛羞涩兔”的形象映入观者的眼帘。

整个图形以点线面的视觉秩序，将抽象的心理体验转化为可视、可感的图形语言，精准地传递出内敛者在高度紧张时的那种下意识的内收、自我封闭的心理状态，体现了图形艺术对人类情绪深层次的刻画，这不仅是一个图形，更是一种细腻的审美力对情绪心理与抽象视觉语言关系的深入探讨。

图 4-20 所示作品《威武健壮兔》是一种对力量与健壮感兔子的视觉化演绎。画面中的线条不再只是简单的构成元素，更被赋予了鲜明的性格与意志感。图形摆脱了机械单调的笔直线条，通过刻画厚实、饱满、蠢蠢欲动的体态，以及方正、棱角分明的直线

图 4-19 《内敛羞涩兔》

图 4-20 《威武健壮兔》

构成的大面积黑色块面（不是纤弱的线）结构，在略显倾斜动荡的构图中释放出一种内在的张力与蓬勃的生命力量。

整体画面以粗犷有力的面及其围合而成的多个略带锋芒的稳定三角形构建出坚实且霸气、不可亵玩的视觉基调，形成一种近乎压不垮的体格印象。而肱二头肌部位的三角形构造，更像是一种象征符号，它强化了结构的稳定性，同时作为力量意象的视觉注脚，为整幅作品注入了强烈的动感与视觉冲击力。

在构图处理上，引人注目的微微上扬、信誓旦旦的头部与整个躯干、手臂均蕴含着一股一致向左、蓄势待发、暗流涌动的强大力量，该力量由内而外咄咄逼人地渗透出来，形成一种直抵人心的刚毅与张力，散发着一股强大且威严的气场，使观者在无声中感知兔子沉稳、厚重与坚不可摧的情绪张力。

图 4-21 《调皮活泼兔》

图 4-21 所示作品《调皮活泼兔》旨在表现一只轻盈跳跃、充满童趣的包裹活泼与调皮情绪氛围的兔子。在构图与造型处理上，一反静态姿态的稳定性，利用颇具动感的肢体语言，构建出一种似动非动、灵巧错落的视觉节奏感。乍看之下，整个造型似乎略显不稳定，甚至带有一些倾斜与摇摆感，但正是这种失衡中的平衡，恰好体现出调皮、天真的特质。通过线条走向的灵活编排与形态之间的张力组合，画面呈现出一种流动般的韵律，仿佛每一根线条都在随着兔子的节奏起舞。这种韵律感打破了单调的静态构成，使活泼成为贯穿始终的情绪主线。

重点刻画：兔子的一只高高扬起、褶带般晃动的长耳朵；另一只耳朵则不在一个维度、不按常理出牌地耷拉下来；微微翘起的屁股；左顾右盼向左滑稽地观看的眼神，成为整幅画面的情绪焦点。图形表现出仿佛兔子正蓄势待发，随时将从画面中一跃而出，奔赴下一个永远无从捉摸的自由跳跃的瞬间。

值得一提的是，整个画面线条非匀线，而是粗细变化、泉水叮咚、小溪跳跃般的有灵性、起伏不定的活泼线条。这类细节的刻画是审美力的典型释放与体现。

另外，构图的错位平衡、内部结构走向上的纵横交错，进一步强化了调皮意味，这些细节处理增强了作品的视觉趣味与表达力度。兔子虽然未作具体刻画，但其神态与动作在抽象中得以展现，这是一种孩童般的无忧无虑，一种跃跃欲试的快乐感。这幅作品以简洁的线条语言，将活泼、调皮这一抽象的情绪状态，转化为观者可视、可感的视觉体验，是情绪的图形化转译，是关于灵动、快乐与自由精神的真诚表达。

图 4-22 ~图 4-27 分别体现了兔子不同的性格与情绪，可参照以上三个作品的解读进行观赏，这里不做逐一赘述。

图 4-22 《神经兮兮兔》

图 4-23 《开心快乐兔》

图 4-24 《消沉沮丧兔》

图 4-25 《憨厚老实兔》

图 4-26 《温柔优雅兔》

图 4-27 《飘逸迅捷兔》

第五章　图形艺术审美力的多维度应用拓展

一、写生变化审美力案例解析

在 AI 广泛介入艺术创作的背景下，即以深度学习和生成模型为核心的视觉自动化系统日渐成熟的今天，技术上“精致”、形式上“完美”、风格上“可控”的图形图像信手可得，那些由人类肉身介入、以感知为起点，通过具体操作过程实现的“写生”所蕴含的审美力正面临前所未有的危机。在这一语境下，单纯的观察与再现记录式的“写生”，其价值体系自然会逐渐弱化；而一种介于世界与图形之间，由身体经验激发出的美学重构般的写生，即从感知出发，经由主观转化与形式调动，将现实提炼为具有情感重量和精神维度的写生将会重新焕发全新的生机。这种强调体验与感知能力写生的存在，恰恰构成了人类艺术在技术时代中最根本的不可替代性经验，也是审美力得到灵性滋养的源泉所在。

如图 5-1 所示作品《被遗忘的角落》中，植物是有生命的，这是一个看似平常却饱含深意的命题。它们并非只是静止在画面中的装饰元素，而是真实呼吸、缓慢生长、经历风雨、受阳光洗礼的有机存在。在现实

图 5-1　《被遗忘的角落》

生活中，植物的生长往往默默无声，它们不像动物那样具备直接的情感表达，也不像人类那样拥有复杂的语言系统，但它们拥有一种极其坚定而温柔的存在方式：从土壤中破出，从光中汲取能量，在风雨中修炼生命的韧性。艺术家捕捉到的，正是这种“无声的力量”。画面中的叶子看似静止，但内在充满蓄势待发的动感，它们不只是自然的一部分，更是一种精神的象征，是生命本质的隐喻。

在艺术的语言中，植物不仅是客体，更是一种情感的通道，一种关于生命姿态的视觉转译。该作品中，叶子的描绘被有意、饱满地夸张与强化，它们不再是现实中柔弱、易凋谢的存在，而是在风雨之后、在冷落孤寂的境地中依然表现出一种泰然自若、不卑不亢、雍容华贵的姿态。

作品并没有按照自然主义的方式去如实地再现植物的形态，而是一种情感和意志的外化，一种通过植物语言传达出的生命精神。叶子的线条被拉宽，轮廓被拉满，颜色显像间略带谦逊内敛，这种“非现实”的处理，恰恰是一种更深层次的“真实”，是主观感知的映射，是对生命的理解，以及情怀与尊重在画面中的投射。

右边作品的状态与左边的“枯萎”的素材形成鲜明对照。我们常在画作中看到“秋风落叶”“将谢芙蓉”之类的意象，以及即将枯黄的植物的颓然低垂和病叶斑驳的苍白感，它们代表的是衰败之美、逝去之意；而在这幅作品中，叶子被赋予了强烈的生命张力，正因为饱经风霜，才越发透露出一种近乎倔强、昂扬的成熟姿态存在于画面中央。这种处理不是偶然的，而是对画者内心深处情怀的一种体现：对生命的敬畏、对自然的热爱、对成长与存在甚至包括对死亡的坦然与歌颂。

植物的生命力并非一定通过动态表现，也可通过静中有力、饱满有神的形象体现出来。通过色彩的品相、线条的特性、结构的态度，赋予叶子一种独立而坚定的个体性。它们不再只是背景或陪衬，而是成为一种可以与观者对话的存在，仿佛在无声地讲述着“我仍生机勃勃”“我也很欢愉”的生命话语。

同时，这幅作品也映射出画者对生命循环的感悟：“死亡”或“衰腐”正是生命不可分割的重要组成部分，重新凝视生命本身，以静谧而不张扬、充满力量的姿态存在。

从另一个角度来看，这种对植物的审美主观处理，也是一种艺术语言的自主建构，它突破了现实主义的边界，将现实与情感、观察与共鸣、结构与象征融为一体。正是在这样的处理中，我们可以看到画者与自然万物之间的对话方式：不是“模仿”，而是“交感”，不是“再现”，而是“化意”，是人的审美力对大自然的催生。在这个意义上，每一片被描绘的叶子都是情感与思想的投影，是艺术家生命态度的延伸。

图 5-2 《另一种盛开》

总之，这幅作品的画者不仅是在画“植物”，而且是在画“生命”，展现一种关于坚持、生长、存在与美的生命哲学。画者通过对叶子的主观夸张、形式充盈与结构饱满，以及营造温暖和煦的光感，不仅表达了对植物个体生命的敬意，更投射出画者本人对自然、人生与时间的挚爱与敬意。这种主观图形的语言实践，是艺术最迷人的部分：它无须言语，却能穿越感知的边界，触碰观者内心最柔软的部分。

如图 5-2 所示油画作品《另一种盛开》的题材同样是植物，但透露出与《被遗忘的角落》完全不同的风貌，具体体现在这幅画作无论形与色，虽然也是表达生命的热烈，但热烈的姿态不一样。前者温文尔雅、绅士般“不张扬、自有声”；而这幅花朵的形态并非以细腻柔和的笔触勾勒，而是通过粗犷且充满力量感的线条与色块来构建，每一笔颜料的涂抹都饱含力度，那些厚重的颜料堆积，形成了高低起伏的纹理，使花朵具有了一种浓烈立体的质感，不再是平面上单薄的形象，而是充满了生命力与力量感。在色彩运用上，丰富的对比色相互交织、碰撞，进一步增强了画面的蹦跳感（而《被遗忘的角落》用的是柔和的同类色）。从花朵中心的暖色调，过渡到花瓣边缘与背景的冷色调，色彩的变化细腻而微妙。不同颜色的色块如同拼图一般拼接在一起，形成了复杂而有序的图案。这些色块之间的对比与融合，既突出了花朵的主体地位，又丰富了画面的视觉层次。整幅画作通过刚毅的用笔和丰富的色彩层次，打破了人们对花朵柔弱形象的固有认知。它传达出一种坚韧、独立的精神，就像“铿锵玫瑰”一样，在看似柔弱的外表下，蕴含着强大的力量。观者在欣赏这幅画作时，不仅能感受到艺术的美感，更能从中汲取到一种鼓舞人心的力量，体会到生命的顽强与不屈。

如图 5-3 所示作品为《乡村小巷》，第一张图片为实景照片，是笔者在松阳拍摄的古老房子，呈现了那一片代表性的乡村景象，土坯房错落有致，瓦片屋顶、纵横的电线及背景中的山林都构成了特定时间和空间下乡村的真实模样，包括建筑的材质、色彩、光影及物体之间的空间关系等。照片中的每一个细节，从墙面的斑驳痕迹到远处山林的朦胧轮廓，最大限度地保留了现实的细节和真实感。

然而，对于一名有一定敏感度并且颇具情怀的艺术从业者而言，很多时候往往不满足于这种只能呈现出特定视角的现实片段，而是对它有着视觉上、情感上更深切的情愫、洞见与追问。如专业艺术摄影工作者，他们敏锐的眼睛每每能发现（一般人看起来普通的事物）超越现实表象的更独特的吸引点，即便在受到客观拍摄条件，如光线、角度等的限制时，也会尽可能地另辟蹊径、能动地去实现其艺术夙念，如改变记录式的拍摄模式与技巧或后期处理等。也就是说，对于一个有一定审美力的人而言，在他的眼里很多时候能看出别人看不见的更深一层的特质。所以，很多摄影大师之所以是大师，源于他们同时也是审美大师。

笔者十分羡慕那些大师的审美力，因为具备那样的审美力相当于在平素的日子里打开了另一扇通往无限奇异世界的窗，会多出很多意外的惊喜与愉悦（也包括可能反向的不安与痛楚，在这里不加赘述），人生的维度在无形中增加了很多，这是一件幸事。

对于这个景（《乡村小巷》的实景照片），笔者试图通过画笔来寻找一点别样的风情，作为审美力的训练，大有裨益。经仔细观察，房子的建筑风格典型，屋顶覆盖着青瓦，墙面由土石构成，显示出当

图 5-3 《乡村小巷》

地特有的取材与建构方式。房子旁边有一条小路，铺了青石板。原本阴沉的天气使周围的环境显得非常安静，加上岁月的痕迹，连同类似小时候生活场景的记忆，一种淡淡的乡愁涌上心头，这种乡愁是甜蜜的记忆眷恋，同时夹杂着对逝去的感伤，诸因素影响下，最吸引并打动笔者同时激发乡愁的，正是巷子尽头高低错落、两层、相对完整、有窗户的房屋，即选择其作为笔者刻画的重点所在，再加之前面提及的乡愁的两种感受——甜美的记忆眷恋和逝去的感伤，于是便有了两种截然不同的表现性绘画的模样。

在第一幅画中，所对应的乡愁是“对甜蜜记忆的眷恋”，笔者主观使用了明亮的色彩和强烈的光线，展现了最具视觉趣味的阳光照射这一片房屋部分，从而满足了通过时光隧道回归清晰化的阳光灿烂的日子，梦回故里的夙愿，阳光的加入给原本沉闷的场景带来了新的生命，即刻让童年的记忆鲜活起来；因阳光聚焦强化了记忆点及黑白的主观处理弱化了周边的环境，如此弱对比的周边环境的渲染，使阳光点亮的部分展现出一种充满历史感的美感。

而第二幅画所对应的乡愁是“对逝去的感伤”，则采取了完全不同的风格。它的色调沉稳，主要使用了黑、白和灰，色彩的使用相对节制，加上颜料被厚重地堆积，形成了高低起伏的纹理，以及粗犷而富有质感的笔触，如岁月留下的斑驳痕迹。这幅画通过简单而低彩度的色调和相对浑浊模糊的形态，展现了一种更加安静、渐隐和深沉的情感。画面中的建筑和道路被简化成粗线条，强调了它们的破旧感。房屋看起来笼罩在一层稍纵即逝的衰败氛围中，怀旧与落寞及对其渐隐的消逝导致的无力感油然而生。

第一幅画与第二幅画传达了两种完全不同的情感，而该情感都归属于“乡愁”，是乡愁更细腻的具体的分支，可见，审美力是细腻情怀的追问。

如图 5-4 所示的作品《灰瓦下的记忆》源自笔者在金华的一次写生之旅。闲逛间，笔者突然被这多个屋角交错层叠之处所吸引，如交响乐般和谐，将之定格于画面的冲动油然而生，于是立马架起画架，进行写生。刻画的重点就是表现这些交错的房角及它们的相互关系。首先想到的是将之落在画面的黄金分割处，为了突出这些交错的房角，将前景中鲜艳的红墙转化为苍白的灰色调，并省略许多细节，同时以薄画法弱化之，而交错处反其道而行之，厚堆出高低的肌理并同时强化黑白对比。充分利用厚重与虚化、密集与疏松的对比，将观者的视线引向笔者想要表达的部分。

此外，由于这些交错的房角并不是规则的直线，它们多有倾斜的角度，因此，为了进一步突出这一点，决定不绘制右侧的直线，以免干扰整个画面的气氛。相反，通过夸张的透视效果，特别是采用仰视角度来调整直线的形态，使其顺从主要表达的节奏感。这种处理方法不仅保留了原本的结构感，还增强了画面的纯粹性。

图 5-4 《灰瓦下的记忆》

在色调的运用上，笔者采取了一种带有怀旧感的表现手法，通过沧桑的色调传达了一种历史的厚重感。画面中最鲜艳的颜色出现在主体部分，即最厚重、最密集、黑白对比最强烈的部分，以此来集中表现画面的核心元素，强化作品的情感表达。

大自然无疑是人类源源不断的灵感宝库，应去细心观察、感受、聆听、触摸。其表面看起来是静默的，但其实蕴含着极度丰满的、深刻体会才能显露出来的高冷，尝试着与之悄悄地对话，与之深切地交互，必然滋养心灵、开拓视野，也会提升对艺术本质的感知，即审美力的提升。

如图 5-5 所示的油画作品《褪色的时间》取材于婺源，典型的“纳比派”主观情感色表达，图形的主观表现性是由创作者突破客观现实束缚，依据自身情感、观念和审美需求，进而通过与之相应的主观的色彩、光影、构图等个性化语言呈现的。

在 AI 图形生成系统（如 Midjourney）已能生成风格多样、构图严谨、光影逼真的图形之际，手绘写生可以用一种远离“算法逻辑”的方式显现绘画的“不可替代性”，粗粝、断裂、非对称等肌理不是数据模拟出来的，而是真正由手的力量和身体感知共同塑造。那种刮刀在画布上摩擦的节奏、油彩在空间中堆积的能量，正是艺术家作为“有生命的观看者”的体现。

在这件作品中，艺术家并未满足于对传统建筑的复制，而是将写生对象作为审美再构的源点。在创作过程中，客观的物理空间逐步被解构，重建为具有心理感知和文化内涵的视觉场域。倾斜的屋檐、溶解模糊的墙面、浓烈而并不讨好的色块……这一切指向的是

图 5-5 《褪色的时间》

“体验真实”而非“复制真实”。这是一种主动脱离图像计算标准的行为，一种对“形式自由度”的坚持。

AI 在生成图形时往往追求视觉的和谐性、比例的精确性、纹理的连贯性，而这件作品在不规则中找到秩序，在破碎中产生能量。这种由手工经验沉淀出的复杂性，背后是人类深层的“审美判断力”在起作用，一种不依赖算法概率，而依赖经验、文化记忆、情感温度的判断力。画中对传统房屋的这种主观化处理是对自身文化根性的再度激活，这种激活在审美力支配下带有特别的浓烈的情怀性，也因此更具有不可复制性。

更重要的是，这幅画以一种非常“不平滑”的方式显示出艺术的美并非总是悦目、顺滑和取悦观众的，它也可以是粗糙的、质疑的，具有“抵抗感”的。在 AI 作品越来越趋向“高完成度”时，反而这类厚重肌理、感性失控、不追求美化的作品，彰显了“人”的痕迹、冲动与矛盾。这种“非完美性”构成了反 AI 的视觉特征之一，也是人类艺术仍有生命力的象征。

因此，在 AI 广泛进入创作流程的当代艺术语境下，这类由写生出发，经由变化与重构完成的油画，不仅保有绘画语言的魅力，更承担了“人与机器差异性”的现实象征意义。艺术从来不是一个生产图形的结果，而是一种将感知、经验与文化编码凝聚进图形的过程。而这个过程，正是人类在技术洪流中最难被替代的审美力。

如图 5-6 所示为油画作品《婺源午后》，创作者在写生创作中，同样通过强烈的主观处理方式，对瑶里村落进行了高度凝练与艺术化的再构。与《褪色的时间》不同的是，该画以相对鲜亮、饱和的色彩及厚重的油画笔触，赋予午后阳光下的古村落以梦幻般的表现力。

如图 5-7 所示作品《马头墙下》，主观性不仅体现在色彩的运用上，更体现在构图逻辑与形式处理上，创作者采用了视觉聚焦的策略，将最亮、最艳、最跳跃的暖色调集中在建筑墙头区域，使该区域在整个画面中显得极为突出，从而强化了“墙头”作为徽派建筑标志性符号的视觉引导力。另外，背景与非重点区域则采用了弱对比、模糊化与消解细节处理方式。这些部分不再承担具体叙事的任务，而是构成了一个具有韵律性的视觉场域，与主体形成对比，同时有意识地沿着马头墙的走势，在后景中进行了结构上的“同构”处理：不再拘泥于建筑实体的再现，而是将画面中后景的色块、线条与主体建筑的形态节奏进行一致性编排。这种形式上的共鸣构成了一种方向、形态一致的纯粹审美策略，即使图形中的各个元素围绕某一视觉中心展开具有秩序感的律动与回响。

画面中主体建筑的“马头墙”具有强烈的向上跃升感，其陡直的线条导引观者的视线上升，形成一种垂直趋上的精神象征；而与此同时，背景中模糊色块所构成的方向线条带有横向流动的视觉节奏，甚至在某些区域呈现出斜向扩展的态势。这种方向的分裂与交叉，在图形空间中引发了潜在的视觉张力，继而又通过节奏与结构等调和了这种多向性的视觉张力，与此同时也借助冷暖对比与笔触律动，使纵向与横向的力量达成一种动势平衡，进而构建出了“张力下的和谐共存”的视觉秩序。这正是图形艺术中方向矛盾的调和美，即在多重视觉走向中，寻求一种非对称但动态统一的审美意趣。

图 5-6 《婺源午后》

图 5-7 《马头墙下》

从技术层面来看，在肌理上的处理也进一步强化了主观感知的表达力。厚重的刮刀笔触与不规则的油彩堆叠，模糊了物体边界的清晰性，转而传达出一种时间的沉淀感与历史记忆的厚重感。这种技法不仅具备形式美感，更成为图形情感传达的重要媒介。相比于照片所体现的冷静纪实感，这种处理方式更强调图形的能动性与艺术家的审美投射力。

综上所述，这幅作品以现实徽派建筑为基础，通过主观强化、色彩聚焦、方向同构与肌理表达等多种图形策略，呈现出一种兼具纪念性、表现性与象征性的艺术图形。它打破了图像与现实之间的一一对应关系，将图形作为一种审美意志的外化通道，借助形式语言传达文化记忆与主观情绪的交融，使复杂的视觉走向达成心理与空间的统一，从而赋予图形以更深层次的动感张力与精神意味。

如图 5-8 所示作品《秋日荷声》是对西湖的视觉记录。在摄影与绘画之间，始终存在一种深刻的互补性，“摄影的真实”往往定格的是客观的瞬间，体现的是大自然无限的魅力；而“绘画的真实”，是在人的认知与情怀驱使下的对自然的超越与重构，是心灵对于现实的纵深梦想与渴求。摄影的记录与绘画的加工两者共同构筑了人的视觉与精神的饕餮大餐。

该画作通过干裂的笔触、浓重而不艳丽的沉稳色调、有力而不张扬的光影铺陈，赋予了秋天一种老成、干练又充满生命力的有厚度的质感。

图形语言之所以被称作语言，正是因为其是人的主体性越过图形的直接再现，赋予了其一种主观意志与形式美感，从而使其通往一个更广阔、更具延展性的精神诉说维度，它是人类想象力无边际展开的栖息疆域。

图 5-8 《秋日荷声》

如图 5-9 所示作品《海南古塔》是笔者在海南写生时创作的，描绘的是一处历史遗迹。为了突出其历史沉淀的沧桑感，在色彩上以深沉的色调呈现，黑色与深褐色的运用，显得古朴而厚重，以偏暖的黄色系替代了原本的蓝天，黄色调的天空像是被时间揉搓过的纸张，充满了岁月的褶皱。

如图 5-10 所示作品《奔赴》展示了对生命的积极态度和奋发向前的精神。作品运用了暖色调，如明亮的黄色、橙色和红色，这些色彩通常表现生命和活力。画面中的焦点位于左上角的黄金分割点，该聚焦处通过详略、色彩及黑白等对比处理得以突出。每条不同品种的鱼均有着自己特有的姿态及空间位置分布，即每一个独一无二的生命都值得被尊重。作品中的鱼群似乎在朝着同一个方向前进，展现出强烈的动感和前进的力量，正如人类一样，无论处于何种困境，积极的人生态度永远是伴随终身的不可或缺的人格魅力。

如图 5-11 所示作品《抱着猫的女人》源自一张照片素材。在画面构建上，运用几何形状来拆解和重构形

图 5-9 《海南古塔》

图 5-10 《奔赴》

图 5-11 《抱着猫的女人》

象，人物的轮廓、猫的形态，都被拆解成一个个几何图形，这些图形相互拼接、穿插，打破了常规的视觉逻辑。例如，人物的脸部不再是平滑的曲线，而是由多个三角形、梯形等几何形状组合而成的，赋予画面一种别样的立体感与空间感。人物与背景主要采用冷色调，即灰紫色与灰蓝色交织，营造出一种沉静的氛围。这种冷色调的运用，如同给画面蒙上一层薄纱，增添了神秘与内敛之感。与之形成鲜明对比的是，猫的主体部分以暖色调呈现，明亮的黄色在冷色调的衬托下格外醒目。暖色调的猫仿佛是画面中的焦点光源，不仅吸引着观者的目光，更传递出一种温暖、亲昵的情感。这种几何与色彩的韵律组合，奇异而神秘。冷色调的人和背景，象征着现实生活中的冷静与克制；而暖色调的猫，则代表着内心深处的柔软与温情。二者相互映衬，既展现出一种微妙的平衡，又透露出一种对生活中温暖瞬间的珍视与眷恋，使观者在欣赏画作时，能真切感受到笔者潜藏于色彩与形状背后的细腻情感。

如图 5-12 所示作品《不能吃的鱼》完全诞生于作者的想象，是一场创意与艺术的激情碰撞，想到猫时，脑海中自然地浮现出鱼的形象，继而将二者交汇融入画面的构思。

画面中，猫被鱼层层包围，仿佛置身于一场盛宴中，给人传递出一种即将饱餐一顿的愉悦感。猫的形态扭曲而夸张，眼睛、鼻子感觉像受到突如其来的好吃的鱼群导致的惊与喜情绪突变的强力挤压而错位，与该激动情绪呼应的是造型设计上大量运用动荡不安、各种朝向的三角形的转换，猫的轮廓、鱼的形状都巧妙地以三角形为基础元素进行形态构建。这些三角形或尖锐，或平缓，在画面中相互交织、错落有致，它们从不同角度、

图 5-12 《不能吃的鱼》

不同方向延伸与组合，使整个画面充满了动态感与节奏感。这些三角形看似在杂乱无章的排列中，但因形态都是相似三角形，从而保持着整个画面的有序性。

如图 5-13 所示作品《猫的另一张脸》生动展现了人与猫之间的互动，曲线的运用让人物与猫的形态更加流畅、自然，赋予画面一种灵动且柔和的韵律感。立体主义的结构处理方式，使猫的形象被拆解、重构，通过几何形状的组合与拼接，呈现出一种独特的神秘与玄妙，既熟悉又陌生，充满了新奇感与艺术张力。

人物的塑造则以黑色为主色调。黑色的运用，使人物在画面中显得沉稳而内敛，同时也与猫形成了鲜明的视觉对比。这种色彩上的差异，巧妙地将人和猫之间拉开了距离，猫那神秘的表情在这种对比下更加突

图 5-13 《猫的另一张脸》

图 5-14 《梦里那只猫》

出，仿佛隐藏着不为人知的秘密。此外，画面中黑色与紫色的搭配进一步营造出一种深邃、幽静的氛围，使观者不自觉地想要探寻其中蕴含的深意。通过对曲线、色彩及立体主义结构的巧妙综合运用，传达出一种独特的艺术意境。可见，审美力的拓展除了得益于多方面生活的感知与探寻，还得益于各种技艺的碰撞与交叉。

如图 5-14 所示作品《梦里那只猫》是写实风格的油画，呈现了一只猫的面部特写。尽管其基于写实技法，但夹杂着个人化的表现主义情节。表现主义艺术是一种更加自由和充满情感张力的创作方式，它不受现实世界的严格束缚。在这幅作品中，笔者试图突破写实的局限，融入了梦境般的表现性效果，使这只猫不仅是一个现实中的动物形象，更像是一个在梦境中诞生的灵魂。

画面中，舍弃了身体的复杂表现，只保留了其传神的面部特征。猫的眼睛是整个画作的焦点，它们闪烁着无声的语言。猫的眼睛似乎在传递某种无言的安慰，带给观者一种温柔的抚慰与心灵的触动，也使画面充满了某种疗愈感。

在色彩的运用上，画面融合了多种柔和的色调，如紫色、金黄、绿色等，没有过度强烈的对比，映衬了猫的神秘与柔和的气质，呈现出一种梦幻般的氛围。颜色的交织与混合加上油彩的厚重感和棉柔的笔触，每一笔的涂抹都是情感的波动，让猫的形象生动，富有生命力，仿佛它即将从画布中跃然而出。

这幅作品不仅是一种对现实与梦境、精确与情感间界限的探索，也使这只猫在画布上自由地生长，呈现出呼之欲出且更具灵魂的面貌。它有着独特的语言和气质，不再仅仅是一种现实存在的动物，更是被赋予了更深层次的“人”的意趣，能够与观者产生直接的情感共鸣，仿佛在诉说一个深藏于内心的故事。这种超越现实的艺术手法，正是笔者所追求的表现主义效果中真实与梦幻、理性与感性交织出的美妙火花。

如图 5-15 所示油画作品《非线性相伴》源自一张真实的照片，在创作过程中将作品中的主要元素“人和狗”采用几何切割的方式，而不依赖于精确的细节重现，呈现出碎片化的表现效果，但这些碎片又以一种有序的方式组织起来，形象以立体主义般的形式语言进行了重构，传达出一种更加抽象和充满节奏感的艺术效果。

图 5-15 《非线性相伴》

色彩的运用也充满了表现主义的力量，画面中的色调在冷色调到暖色调之间转换，蓝色、绿色、黄色、紫色等色彩相互交织，呈现出一种动态变化的视觉效果。这些色彩的碰撞与交织，既不拘泥于自然界的真实色彩，也不完全依赖于抽象的形式，不仅使画面更加生动丰富，也增强了情感的传达。

在形式语言方面，尽管画面中有着形状和色彩的多重变化，但通过对它们的巧妙的布局和结构安排，使节奏性变化得更具统一性，形成了一种和谐的节奏感。每一部分的色块和形状，都像是一部交响乐中的一个个音符，在整体构图中彼此呼应，打破了传统的线性叙事方式，带来了一种更加自由流动的视觉体验。

总体来说，这幅作品不仅是对真实场景的简单再现，更是通过几何切割与表现主义色彩的融合，赋予了画面更加深邃的情感和艺术张力。它在形式和色彩上都进行了一定的抽象与变形，使观者在欣赏的过程中，既能感受到一种节奏感十足的视觉体验，也能与作品中蕴含的情感产生共鸣。

二、陶瓷装饰审美力案例解析

陶瓷装饰是一种基于陶瓷材料辅助采用图形艺术的形状、色彩、比例、材质与空间等要素进行美化的实用艺术。它所呈现出来的各种风貌较其他艺术来说，更需要“人”的审美力的支撑，这是由其呈现过程，尤其是落地产出主要依赖人的脑与手的协同劳作的关系决定的。

如图 5-16 所示陶瓷作品《瓶中戏》的创作与笔者在中国美院研习木刻版画的经历息息相关。黑白木刻简洁、明确且富有表现力，这种艺术形式深刻影响了笔

图 5-16 《瓶中戏》

者的创作风格。作品在题材上，延续了笔者追求“人与自然”主题，以幽默、夸张的表现手法，传递出独特的艺术趣味。起初，在器形准备上以购买为主，在别人准备的器物上进行创作，然而现成的器形因形态单一等难以契合笔者的艺术表达需求，因此笔者手动拉坯创作。在陶瓷创作中，一方面自己能够更自由地塑造所需要的器形；另一方面，在这些器形上创作出与之匹配的图形装饰，实现了从构思到成品的完整艺术表达。就像眼前这些陶瓷瓶，以黑白为主色调，图案生动夸张，将人与动物的形象巧妙融合，既保留了黑白木刻的韵味，又在陶瓷材质上焕发出新的生机，为笔者的艺术探索输入了新鲜的血液。

图 5-17 《窑火之舞》

如图 5-17 所示作品《窑火之舞》采用高温色釉工艺创作，尽显陶瓷“入窑一色，出窑万彩”的独特魅力。在高温煅烧的过程中，釉料神奇的物理化学反应悄然发生，釉面泛起层层泡泡。这些泡泡大小不一、分布错落，宛如夜空中闪烁的繁星，为画面增添了灵动与趣味。高温的力量不仅塑造了起泡的效果，更使色彩在窑火中肆意交融、渗透。不同色调相互碰撞、融合，形成了丰富而独特的纹理与图案，每一处色彩的晕染、每一个泡泡的形态，都非人力刻意为之，而是在高温的催化下自然天成的。这种因高温煅烧而产生的效果，是大自然与工艺的完美契合，堪称天作之合。它既展现了“人”的主体性介入的独特魅力，又传递出一种未经雕琢的自然之美。

如图 5-18 所示作品为《庐山一角》，同一个素材分别以油画与陶瓷高温窑变两种艺术方式得以呈现，艺术方式不同，趣味与情怀也截然不同。在艺术探索中，笔者一直崇尚不拘泥于单一的形式，而是大胆尝试，每一次挺进相当于打开了另一个精彩的世界，拓展了艺术边界，收获了新奇的快乐。

图 5-18 《庐山一角》

图 5-19 《荡秋千的女孩》

图 5-20 《飞越混沌》

如图 5-19 所示作品为《荡秋千的女孩》，小女孩身着鲜艳的红衣，俏皮的发丝随风轻扬，她悠然地坐在秋千上，脸上洋溢着灿烂的笑容，那灵动的眼神仿佛藏着无尽的欢愉。秋千的链条笔直垂下，给人一种简洁而稳固的视觉感受，尤为特别的是，几只鸟儿也加入这一情趣场景中，它们姿态各异，翅膀舒展，羽毛色彩斑斓，或停歇在链条上，或在空中振翅欲飞，在与小女孩的交互中一同享受着这份悠然与惬意。

人鸟共荡秋千的画面，深刻寓意着人与大自然和谐共生。作为人类的代表，小女孩天真无邪，对世界充满着热爱与好奇；鸟儿则代表着大自然，它们自由灵动，是大自然生机与活力的象征。二者在同一画面中，共同参与荡秋千这一充满童趣的活动，传递出一种彼此信任、相互陪伴的美好情感。该作品是笔者对人与大自然和谐关系的一次深情呼唤与美好期许，生活在大自然中，被大自然滋养的人类，应像画中的小女孩与鸟儿一样与大自然和谐共处，共享美好时光。

如图 5-20 所示作品《飞越混沌》采用了高温色釉工艺。画面中，具象的鸟儿造型成了视觉焦点，鸟儿的形态清晰、明确，与周围那充满不确定性、随性交融的色彩形成了强烈的对比。鸟儿的具象形态仿佛从这混沌而自由的色彩世界中跃然而出，它的规整与周围色彩的无序形成鲜明反差，这种对比不仅在视觉上极具冲击力，更营造出一种独特的意境：一边是象征着秩序与明确的鸟儿，另一边是充满变化与未知的色彩世界，二者相互碰撞、融合，巧妙对比，营造出富有深意与艺术感染力的独特意境。

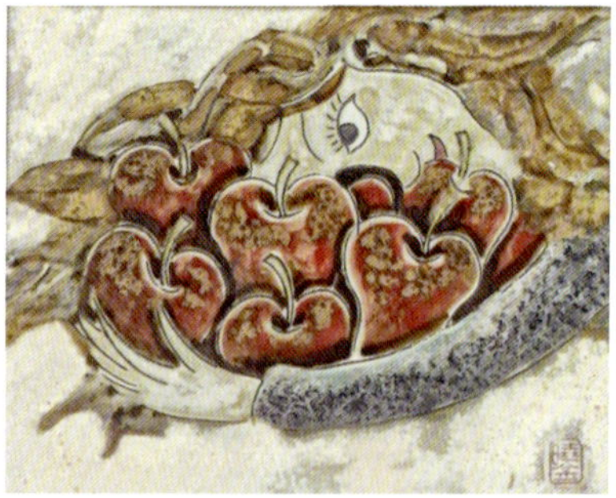

图 5-21 《抱苹果的小女孩》

如图 5-21 所示作品《抱苹果的小女孩》在形式上同样运用了高温色釉技艺，而在表现内容上，小女孩可爱的动作是一大亮点，她以一种自然而亲昵的姿态，将水果拥于怀中，使画面充满了生活的喜悦感与纯真感。水果的形象在高温色釉的作用下，也呈现出别样的视觉效果。它们与小女孩的形象相互重叠，原本熟悉的水果和人物形象，在这种重叠与色彩交织下，产生了陌生感。这种陌生感并非为让人感到不适，而是带来一种新奇的体验。

图 5-22 《依偎》

如图 5-22 所示作品《依偎》采用了青花瓷这种传统工艺。青花瓷以钴料在瓷胎上绘画，再施透明釉，经高温一次烧成，呈现出蓝白相间的独特色彩效果。画中运用了剔青技法，通过控制剔青时手的力度及钴在画面上的厚薄程度来呈现不同的灰度效果。人物面部、手部等白色区域剔青较多，显得明亮，而画面的深色部分剔青较少，呈现出深色调或灰色调，使画面的层次丰富，也使图案在二维平面上有了立体视觉效果。

从审美角度看，青花瓷是传统工艺，而该画中呈现的奇幻图案及现代艺术风格，将传统工艺与现代审美相结合，既有青花瓷古朴典雅的韵味，又有现代艺术的独特创意，给人耳目一新的审美感受。

图 5-23 《猴戏》

如图 5-23 所示作品《猴戏》是笔者于猴年绘制的一系列作品中的一件。记忆中，作品绘制后，高温色釉“岸夕”釉料烧制出窑时，“窑变”效果惊艳动人。因为这一窑烧了八件猴子作品，其中两个出类拔萃地泛出了明显的黄金效果，真成了“金丝猴”（照片无法体现）。所以，手工陶瓷的魅力真是无法想象，也许因手工陶艺是金木水火土的艺术，即与大自然零距离接触的艺术，才保持了大自然深邃的魔力。此时，自然地想到了 AI，在人 + 手工 + 天然材料这一方面，正是人的审美力可以全面渗透作品的这一方面，强大的 AI 一时无法企及。

如图 5-24 所示作品《瓶里瓶外》是笔者在虚拟的陶瓷花瓶的基础上展开的联想，花瓶上的鸟儿如电影《博物馆奇妙夜》里的动物一样突然获得了生命而鲜活了起来。人的互动，尤其是人的惊奇表情将这一剧情推向了高潮。人与自然是永恒的主题，人来源于大自然，终归还要回到大自然中去，两者之间有着深厚的无法割舍的渊源，热爱大自然，意味着人骨子里的无限乐趣。

图 5-24 《瓶里瓶外》

三、雕塑器物审美力案例解析

雕塑与器物在图形设计审美力的构建与拓展中扮演着不可忽视的角色。它们不仅丰富了视觉语汇，更深刻地充实着“图形”的本质意义。在今日多媒体、跨媒介创作环境日益融合的背景下，图形语言不再局限于平面或图形的形式美感，它逐渐演变为一种涵盖空间意识、触觉经验与时间维度的综合性表达体系。图形语言作为雕塑与器物等的最初草图构思（也是所有形态艺术的核心价值体现环节），提供了这种转向的代表性触发点。

在雕塑中，形态并不是封闭的，它是流动的，是观看路径与空间秩序的再分配。这种对结构、重心与场域的把握，为图形艺术中的布局逻辑、元素组织甚至界面动线提供了富有启发的参照。图形审美力在此不再仅是图形调性或形式感的表达，而是在更深层面上调动观者的感知机制，使图形成为引导身体感知与心理节奏的界面。

而对器物的审美经验，则拓宽了图形设计对于“功能性美学”的理解边界。器物虽然承载着实用性，但在长期使用中，它的形态、质感与文化指涉逐渐沉淀为一种共鸣的视觉语言。设计中对材质肌理、手工痕迹、物性逻辑的把握，都源自这种器物思维的深层影响。它促使我们反思，图形设计作为器物的草图构思，如何将构思贯穿到器物使用过程中生成美感，在接触中积累情感，在时间中获得信任。

雕塑与器物都以其物质性与感知性的复合结构，迫使图形设计摆脱纯视觉化路径的局限，使“图形审美力”的定义不再是单一维度的内容与形式判断，而成为一种动态的、沉浸的、富有时间厚度的认知经验。这种经验性的美学，要求设计者不仅关注图形本身的构成，还要深入理解构成背后的行为逻辑、空间关系与文化嵌套。

以图 5-25 所示陶瓷雕塑作品《乐上加乐》为例，首先，在比例处理上，作品运用了明显的“比例异动”技法：头部进行放大处理，四肢极度简化，强化了角色的情感表现力和亲和感。这种非写实的夸张，打破了传统陶瓷对自然形态模仿的倾向，转而强调审美选择中的“趣味”与“情绪表达”。其次，作品的局部造型明显经过设计，在保持整体和谐的同时，又通过微妙的变化增强个体差异，呈现出轻松、欢乐的氛围，令整体既生动又具有强烈的视觉识别度。再次，从材质与手工痕迹来看，陶瓷表面保留了部分手捏质感，增强了作品的温度与情感表达。这种质感的保留，不是技术上的“不完美”，而是一种审美上的“人味”，体现出人工创作在细节、情绪与视觉上的不可替代性。最后，整体造型呈现出一种叠加与互动的关系结构，强化了作品的叙事性与动态感，使静态的陶瓷产生了拟人化的活力与感染力。这种通过形式结构营造“关系感”的能力，是图形审美力在立体陶艺中的体现。这些人物造型并非写实风格，而是经过了夸张与变形。他们的面部特征简单而奇特，眼睛只是两个小孔，嘴巴大而夸张，形态上更像是一种符号

图 5-25 《乐上加乐》

化的表达。同时，身体结构也进行了简化与重组，身体部分的曲线与转折不符合正常人体结构，这种形态与结构的非常规处理，使作品与现实世界的形态逻辑产生了矛盾，引发观者对传统形态认知的质疑。整个陶艺作品采用了统一的陶土材质，呈现出质朴的质感。色调上，均为陶土原本的土褐色，没有过多色彩的干扰。这种材质与色调的一致性，使作品在视觉上具有连贯性和整体性。

尽管造型存在矛盾之处，但材质与色调的调和使作品不至于过于凌乱，为观者搭建起一个统一的视觉感知框架。仔细观察会发现，三个堆叠的人物造型存在诸多相似元素。他们都有卷曲的装饰造型作为头发，面部表情都呈现出开心大笑的状态，身体的曲线走向也具有一定的相似性。这些重复且相似的造型元素，在不同形态间建立起联系，使它们相互呼应、彼此关联，从而营造出一种和谐的氛围，削弱了因形态矛盾带来的突兀感。三个圆柱体摆放着，想要突出头部的趣味性和生活性，是典型的依靠点线面突出画面的案例，有疏有密。后面大面积布的遮罩，制造出一种“空”，从而反向地突出了前面精彩密集的“实”。

如图 5-26 所示作品《沉思的牛爵士》是笔者牛年主题系列作品中的一件，它巧妙地将人的情感借由牛的形象充分地展现出来。牛头部微微抬起，双眼仿佛被某个事物深深吸引，呈现出痴迷陶醉的状态。这种神态的刻画极为细腻，仿佛能使观者感受到牛内心的专注与沉醉，赋予了牛一种人性化的情感深度。牛身着一件风衣，风衣的褶皱与线条被塑造得生动自然，仿佛正随着微风轻轻飘动，这种动态的表现，不仅增加了雕塑的生动性，更传达出一种洒脱飘逸的气质，使牛的形象不再呆板，而是充满了灵动与活力，仿佛这

图 5-26 《沉思的牛爵士》

头牛正迈着轻快的步伐，在自由的天地间徜徉。牛头上所戴的帽子，为整个形象增添了一抹别样的风采。帽子的造型独特，与牛的整体形象搭配起来，营造出牛的一种奇妙的气质，既有几分不羁的匪气，又不失优雅的绅士风度，这种看似矛盾的气质融合，却在雕塑上达到了一种和谐的平衡，使牛的形象更加立体、丰富，充满了故事性。这件作品通过对牛的神态、衣着等细节的精心雕琢，成功地将人的情感与牛的形象融为一体，是一个既富有情感内涵，又极具个性魅力的艺术形象。

如图 5-27 所示作品为《金鸡罐》，这个公鸡造型的陶

图 5-27 《金鸡罐》

艺作品，巧妙地将拉坯与捏塑工艺相结合，呈现出别具一格的艺术魅力。作品以拉坯工艺为基础，奠定了其基本的形态轮廓，拉坯赋予了作品圆润而流畅的外形，使其拥有一种自然天成的柔和感。在此基础上，运用捏塑技法，对细节进行精心雕琢。通过巧妙地拿捏、塑造，鸡的形态逐渐清晰起来，鸡冠的形状、鸡身的曲线，都被赋予了生命力，整个造型酣畅简练，没有过多繁杂的装饰，却能精准地传达出鸡的神韵。曲线的运用在作品中尤为出彩，它们或婉转、或流畅，勾勒出饱满且美观的构图。鸡身的曲线从圆润的腹部到微微上扬的尾部，一气呵成，展现出一种灵动的美感。鸡冠的曲线刚劲有力，与鸡身的柔和曲线形成鲜明对比，丰富了作品的视觉层次。这些曲线相互交织、呼应，共同构成了一个和谐统一的整体。它们不仅在视觉上给人以美的享受，更在触觉上传递出一种细腻而温润的质感。观者在欣赏作品时，目光会不自觉地随着这些曲线游走，沉浸在作品所营造的艺术氛围中。

如图 5-28 所示作品《牛骑牛》蕴含的深意令人深思。作品主体是一头牛的形象，它姿态悠闲，骑在一只蜗牛上。这头牛与蜗牛，虽都带有“牛”字，却是两种截然不同的动物。牛，在人们的传统认知中，常与

图 5-28 《牛骑牛》

辛勤劳作、忙碌奔波的"牛马生活"联系在一起。它代表着快节奏、高强度的生活模式，每日在田间地头或各种繁重的工作中穿梭，为生活奋力前行。而蜗牛是"慢生活"的象征。它行动迟缓，总是不紧不慢地在自己的节奏中爬行，享受着属于自己的宁静时光，不被外界的匆忙所干扰。在这件作品中，牛骑在蜗牛上，这种奇特的组合形成了强烈的视觉与内涵冲击，或许是在提醒人们，在快节奏的生活中，不要忘记停下脚步，去感受生活的慢与静。同样是"牛"，境遇却天壤之别，这种反差促使观者去思考生活的意义与节奏，究竟是要一味地忙碌，还是要在适当的时候放慢脚步，寻找内心的安宁。作品通过这种巧妙的构思与形象塑造，引发了人们对于生活状态和人生选择的深度思考。

如图5-29所示，这件充满童趣与创意的雕塑作品，是笔者在拉坯的基础上展开想象的翅膀创作而成的。经过精心的雕琢与塑造，原本单调的圆形坯体逐渐蜕变成一头可爱的小象。小象整体造型圆润饱满、憨态可掬。它那圆溜溜的身体，仿佛承载着无尽的童真与欢乐。大大的眼睛，虽未着过多色彩，却以简洁的造型传递出一种天真无邪的神态，仿佛对周围的世界充满

图5-29 《小象》

着好奇与探索欲。小象的长鼻子自然弯曲，恰到好处地展现出一种灵动的姿态，仿佛正在轻轻摆动，探索着周围的环境。小小的耳朵、短粗的四肢，每一处细节都经过巧妙构思，与圆润的身体完美融合，共同构成了这头可爱的小象。作品打破了传统拉坯制品的常规形态，以一种独特而新颖的方式，将平凡的坯体转化为充满生命力与故事性的艺术形象，使观者在欣赏作品的同时，也能感受到艺术创作中想象的神奇力量，仿佛进入了一个充满梦幻与童趣的艺术世界。

如图 5-30 所示雕塑作品《力与愿》以拉坯为创作起点，在此基础上展开想象的翅膀，赋予作品独特的生命力与深刻内涵。雕塑主体呈现出一个男人的形象，他的身形健壮，肌肉线条虽未刻意精细雕琢，却通过简洁而有力的造型，传递出一种力量感。男人扛着一条大鱼，鱼的形态塑造得极为生动，其体量显得比男人更为庞大、健壮。这种对比，瞬间抓住观者的眼球，形成强烈的视觉冲击。男人的身子微微倾斜，倾斜的姿态不仅展现出他在扛鱼过程中所承受的重量，更营造出一种动态感，观者仿佛能看到他与鱼"较量"时，努力保持平衡的模样。这种姿态的刻画，让整个雕塑充满了张力，也使作品有了一种类似《老人与海》中老人与强大力量抗争的味道。男人的嘴巴歪斜，是用力时不自觉的表情，生动地表现出他在这场"较量"中的坚韧与执着。整个雕塑通过拉坯工艺奠定了基础形态，再以丰富的想象和细腻的造型

图 5-30 《力与愿》

处理，将一个男人与大鱼之间的博弈场景栩栩如生地呈现出来。作品不仅展现了创作者高超的技艺，更传递出一种不屈不挠、勇于抗争的精神。

图 5-31 《阿福》

如图 5-31 所示的雕塑作品《阿福》，以独特的艺术语言诠释了幸福的内涵，运用夸张的艺术手法，塑造出一个令人印象深刻的形象，将观者带入了充满幸福感的梦境中。雕塑主体呈现出一个体态饱满的人物形象。身体的每一处线条都被刻意夸张，圆润而丰腴，展现出了富态与满足感。这种饱满并非简单的形体堆砌，而是通过流畅的曲线与柔和的转折，营造出一种和谐而自然的美感。人物的姿态泰然自若，蹲坐在那里，双手托腮，仿佛沉浸在自己的思绪中，流露出一种悠然自得的情绪。面部表情虽未进行过多繁杂的刻画，但通过简洁的线条勾勒出的神态，传递出一种内心的宁静与满足。微微眯起的双眼，似在享受着生活的美好；嘴角那一抹若有若无的笑意，更是将幸福的情绪展现得淋漓尽致。整个雕塑通过对身体形态的夸张塑造及泰然自若的姿态表达，营造出一种“福态”。它不仅是一个简单的艺术造型，更是对幸福状态的一种具象化呈现。观者在欣赏这件作品时，能感受到那份从雕塑中散发出来的温暖与满足，进而引发对幸福的思考与向往。

如图 5-32 所示作品为《猫头鹰》，在进行猫头鹰雕塑创作时，有两个关键因素引领着笔者的创作思路。首先是烧成的可行性。在陶瓷创作中，烧成环节至关重要，相对规整、整合的造型，能够在烧制过程中减少因造型复杂而可能出现的变形、开裂等问题，大大提高了烧成的成功率。这种考虑并非是对艺术创作的妥协，而是在工艺与创意之间寻求一种平衡。其

图 5-32 《猫头鹰》

次，萌动的艺术形象往往具有独特的魅力，这类形象通常具有夸张、饱满的特点，球形、圆形等柔和的几何形状频繁运用其中。基于以上考虑，在不破坏猫头鹰基本识别特征的前提下，笔者大胆地对其形态进行夸张处理，将猫头鹰的眼睛塑造得更大、更突出，仿佛蕴含着无尽的智慧、神秘与深邃，身体轮廓也更趋向圆润饱满，使其看起来更加憨态可掬。为了进一步赋予猫头鹰独特的气质，笔者采用了金属釉。金属釉在烧制后呈现出一种古朴而富有光泽的质感，其深沉的色调与细腻的光泽相互交织，仿佛给猫头鹰披上了一层古老而神圣的外衣。这种质感不仅增强了作品的视觉冲击力，更营造出一种神秘、庄重的氛围，使猫头鹰雕塑仿佛承载着岁月的记忆，从遥远的时光中走来，既保留了萌动的可爱，又增添了一份神圣与庄严，使观者在欣赏作品时，能感受到艺术与工艺完美融合所带来的独特魅力。

如图 5-33 所示的雕塑作品《荚中之梦》，凝聚着笔者对未来的深深向往与憧憬。其主体是一个人物惬意地安卧在豌豆荚容器中，整体色调呈现出柔和的蓝色，宛如晴朗天空与深邃海洋颜色的交织。蓝色，在人们的情感认知中，常与宁静、悠远的“蓝蓝的梦”相联系，恰似一片广阔无垠的天空，又如同深邃浩渺的海洋，承载着无尽的想象与期许。人物的姿态极为放松，悠然地躺着，微微舒展肢体，仿佛在享受一种极致的宁静与惬意。这种姿态，打破了日常的拘谨与忙碌，传递出一种超脱尘世的淡然感。人物仿佛正处于一个美好的梦境中，远离现实的纷扰与喧嚣，沉浸

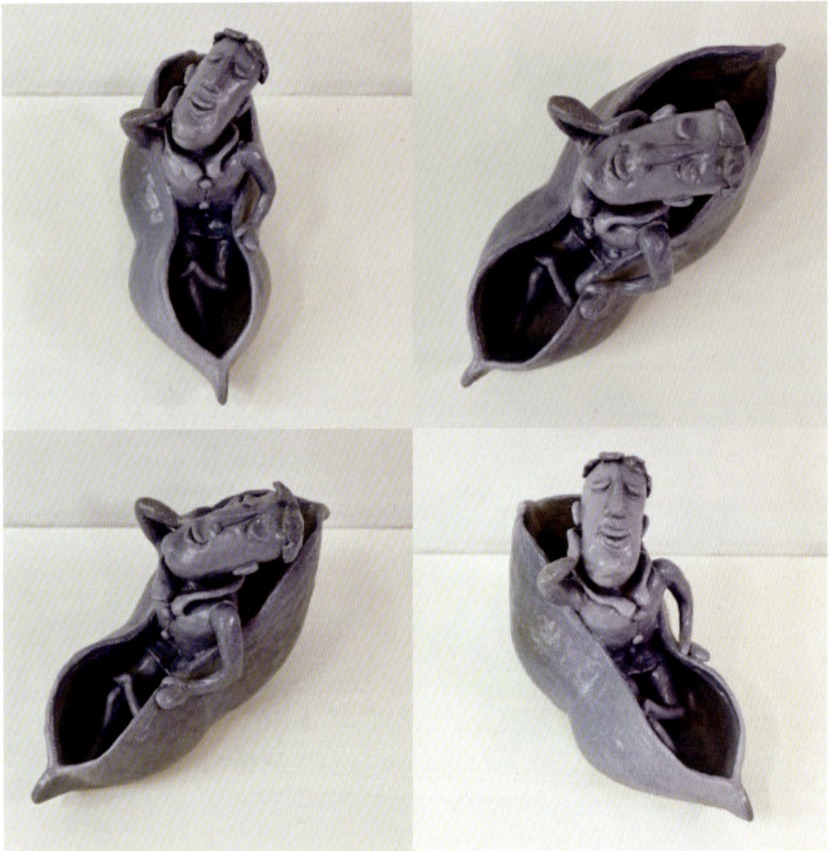

图 5-33 《荚中之梦》

在属于自己的精神世界中。将人物与豌豆荚置于海洋的意象之中，更是强化了这种悠然与梦幻的感觉。海洋，作为生命的起源与广阔的未知空间，象征着无限的可能性。人物在这蓝色的“海洋”中飘逸，寓意着在未来的人生旅程中，能够自在地追寻梦想，不被世俗的枷锁所束缚。这件雕塑作品，通过色彩、姿态及意象的巧妙融合，构建出一个充满梦幻与淡然的情境。它不仅是笔者情感与理想的寄托，更能引发观者对未来的美好遐想，使人们在欣赏作品的同时，也能感受到那份对未知的期待与憧憬，仿佛置身于一个蓝色的梦境中，探寻着未来的无限可能。

如图 5-34 所示的作品《牛顶福来》创作于牛年，承载着满满的对美好的期许。作品的主体是一位老人的形象，他面带开怀的笑容，眉眼弯弯，嘴角上扬，露出几颗牙齿，那洋溢着的喜悦之情仿佛要溢出雕塑本身，传递出一种乐观豁达的生活态度。在老人的头顶，有一头小巧的牛，牛的造型生动，牛角挺立，似乎带着一股冲劲与活力。在传统文化中，牛象征着勤劳、坚韧与力量，而在牛年这个特殊的时间节点，这头牛更有着独特的寓意。一方面，老人的开心模样，象征着生活的顺遂与满足，寓意着大家都能拥有乐观的心境，在生活中发现快乐、享受快乐；另一方面，牛年的牛置于头顶，有着“顶呱呱”的美好寓意。它不仅是对人们在新的一年中事业、生活等各方面都能蒸蒸日上的期许，更蕴含着一种积极向上的精神鼓励，激励着人们像牛一样，在面对生活的挑战时，充满干劲，勇往直前。这件作品在牛年这个特殊的时期，成了传递快乐与希望的载体，让每一位观者都能从中汲取到积极的力量，感受到浓浓的美好祝福。

图 5-34 《牛顶福来》

如图 5-35 所示雕塑作品《静卧》巧妙融合了两种截然不同的材料，呈现出别具一格的艺术魅力。主体部分采用青白瓷塑造，质地温润，色泽淡雅，散发着一种古朴而雅致的气息，青白瓷细腻的质感，使人物形象的每一处细节都得以生动展现，仿佛赋予了作品生命的温度。而基座选用陶泥打造，陶泥质朴厚重的特性，与青白瓷的轻盈雅致形成鲜明对比。二者的组合，不仅在材质上实现了互补，更在视觉与触觉上给人带来丰富多元的感受。雕塑的造型极为夸张，最引人注目的当数那飘逸的头发。这些头发以泥片的形式呈现，它们或弯曲、或伸展，毫无拘束地向四周蔓延，仿佛在微风中肆意舞动。这种率性写意的表现手法，打破了传统造型的规整与束缚，展现出一种自由奔放的艺术精神。每一片泥片的走势、形态，都是

图 5-35 《静卧》

笔者情感的直接宣泄，看似随意却又蕴含着独特的韵律与节奏。整体来看，这件作品通过材料的巧妙搭配与夸张造型的运用，营造出一种独特的艺术氛围。它既有着青白瓷的婉约细腻，又有着陶泥基座的粗犷质朴，再加上率性写意的泥片头发，使整个作品充满了想象力与创造力，宛如一个独立的艺术小世界，吸引着观者去探寻其中的奥秘与精彩。

如图 5-36 所示作品《天鹅果盘》是在拉坯基础上翻阅手机图库，受天鹅素材启发所创，将它俩的爱情做了一定程度的表面形态与背后温情上的夸张处理。

如图 5-37 所示作品也是在拉坯基础上翻阅手机图库，受到蜗牛素材的启发而创作的，通过展开联想，蜗牛立体的点与叶子浮雕的面及叶脉等细微的线演奏出和谐的变奏曲。

图 5-36 《天鹅果盘》

图 5-37 《蜗牛果盘》

如图 5-38 所示的陶艺作品名为《共生》，是人与花器的共生之象，也是创作者内心世界的外化。人体形态与花器融合，人似花器的灵魂，花器则为人的延展，寓意着人与自然本就相互依存、不可分割。以泥土为媒介，源于泥土本身的大地气息，是大自然最质朴的馈赠，当双手与泥土交融时，就如同与大自然共舞。在塑造过程中，泥土时而顺从、时而抗拒，恰似创作者性格中坚硬与柔软的交织。细看这件作品，表面的裂痕与瑕疵，是其独特的标记，世上本无完美之物，人也如此，往往是充满矛盾的个体，时而敏感细腻，能捕捉生活细微的美好，时而大大咧咧，不经意间可能冒犯他人。但这些不完美，不正像陶艺上的裂痕吗？正因如此，每个人应成为独一无二的自己。正如阳光只有透过缝隙才能洒落，这些看似缺陷的部分，实则是人类接纳世界、自我成长的通道。于陶艺而言，裂痕不是败笔，而是岁月与手艺的留痕，是大自然与人工的默契。在这人与花器共生的形态中，能感受到自然的包容，以及人在大自然的怀抱中，虽不完美，但真实鲜活地存在，缺陷也完美——人与大自然共生共融的生命真谛。

图 5-38　胡祎宸　杨晓金《共生》

如图 5-39 所示陶艺作品《形·逸》完全依托手捏成型，使器物在自由生长的同时赋予了其独特的生命力，给人一种自由、雅典、绽放的感觉。

这件作品的核心在于对“形”的独特演绎与对“逸”的精神追求。“形”是作品外在呈现的直观表达，作品

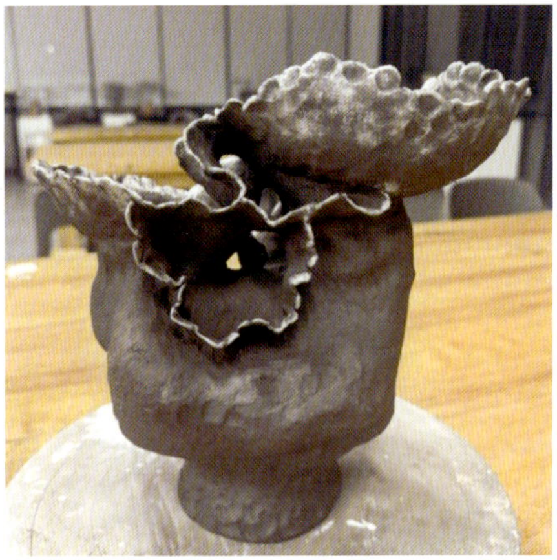

图 5-39　胡祎宸　杨晓金《形 · 逸》

仿若肆意绽放的花瓣的不规则形态，脱离了传统器物的固有形态，以一种极具现代感的方式重新定义了陶艺之形，它不再是单纯承载实用功能的容器，更成了表达情感与思想的艺术载体；“逸”则是作品所蕴含的精神气质，重点落在这件作品的花瓣形态上，在创作过程中，任由泥土在手中自然地伸展、扭曲、融合，使每一处起伏、每一道弧线都随着创作者内心的灵感而变化，如同在微风中自在舒展的花朵，展现出一种无拘无束的逸态，传达出对自由、本真的向往。

透过这些独特的形态，观者可感受到那份超脱于世俗的逸趣，在喧嚣的世界中寻得一片宁静与自由的精神天地。

如图 5-40 所示的陶艺作品《交响》是创作者将鱼与公鸡两种截然不同的形象大胆融合的艺术呈现，也是综合与交叉创作理念的践行，同时是使审美力得到延展的艺术实验。

从造型来看，鱼的身体轮廓赋予作品流畅与灵动之感，它代表着水的润泽、生命的灵动，以及包容万象的广阔。而公鸡元素的融入，头部的鸡冠、鸡喙等特征，以一种夸张且富有想象力的方式展现，鸡冠的形态似在张扬着活力与热情，如同自然界蓬勃的生命力。公鸡象征着破晓的希望、积极向上的力量，是陆地生灵的代表。

色彩运用上，由蓝到浅蓝的渐变，如同深海的静谧与沉稳，而头部的黄色恰似公鸡鲜艳的羽毛，为作品增添了一抹热烈。这种色彩的碰撞，如同水与陆的交汇，体现出不同生态元素的交织，使作品在即兴中保持自己的节奏与语言。表面纹理的塑造，鱼身的鳞片与公鸡羽毛质感的模拟，是对两种生物自然形态的深度

图 5-40　胡祎宸　杨晓金《交响》

致敬，展现了自然界生命形态的多样与奇妙。创作者将二者融合，意在打破物种界限，表达生命之间本就存在的内在联系，传达出自然万物如同音符相互交响、和谐共生的美好愿景，以及生命的多元与奇妙。

如图 5-41 所示的一系列创意杯具，在保留其基本功能的前提下，从造型与色彩角度进行了大胆的实验，从而使其在个性表达上各有鲜明的亮点。艺术与科技一样，它的最大意义在于探寻世界的无限可能性。艺术家之所以乐此不疲，源于艺术世界中隐藏着取之不尽的各类"营养"与趣味，对于精神动物——人类来说，艺术及其审美力，等同于生命的宝藏与支柱。

如图 5-42 所示，这款壶在造型设计上，突破了传统的壶形概念，摒弃了常规的规矩与对称，而是以自由、自然为出发点，壶身的流线型设计，如同一位跳跃的舞者，轻盈且富有动感与节奏感，壶身的倾斜姿态，是最具辨识度的特点之一。倾斜并非不规则，而是展现出一种动态平衡，在该平衡中每一处弯曲都在诉说着自然界中的风、云、山川等的变化。

这款壶传达的是一种自然生长的生命力，整体设计充满了浑然天成的感觉，其看似随意的曲线和不拘一格的姿态，又在每一处细节中透露出自然界的秩序与法则。

以柴烧工艺处理，壶体的表面纹理经过火焰的洗礼，呈现出一种温润的自然质感，散发出一种温和、深邃的光

图 5-41 “实用的变奏”系列陶瓷杯

泽，这种独特的色彩效果正是柴烧技艺的一大魅力。

壶嘴上那一根细长的线条，自壶口延续到壶把，形成了完美的整体，壶嘴与壶把之间的细线连接仿佛是一气呵成的过程，带给人一种从始至终的连贯感。

总之，这款柴烧壶无论从形态、材质、工艺，还是设计理念上，都体现了对大自然的敬畏与追求。它不拘泥于形式，放飞自我，却又通过细腻的工艺与匠心，展现出自然界中的平衡美与和谐美。

如图 5-43 所示的陶艺摆件《流象》以点线面这些纯粹的抽象元素构成，通过点的凝聚、线的流动与面的包容，完成了从“形”到“情”的转化。点的形态一致却大小灵动，滑落间犹如流动的乐符；线条虽未以传统意义上的明晰形态呈现，但在那些不规则的轮廓与凹凸起伏中若隐若现，交织、穿插，勾勒出作品独特的形态与张力；起伏的曲面、不同质感的表面，共同构成了“面”的形态，这些面在光影的作用下，呈现出丰富的明暗变化，营造出独特的空间感与

图 5-42 《柴语》

图 5-43 《流象》

立体感，不同面之间的转折与过渡，引导着观者的视线，使其在作品中不断游走、寻觅、探索。正是这些点线面元素的有机组合，摒弃了具体物象的束缚，给人带来了无限的想象空间。点线面并非冷峻的几何要素，而是通向内心、连接人文、唤起情感的桥梁。观者可以从作品中看到宇宙的浩瀚、大自然的神秘，抑或是内心深处的情感波澜。每个人都能依据自己的经历与感悟，在这件抽象作品中寻找到属于自己的解读，其蕴含着开放与多元的审美情趣。

如图 5-44 所示《痕迹》是一件茶壶作品，采用了侘寂美学风格。茶壶的形状不规则，表面有着像大地脉络一样的纹理，这些纹理看似随意地延展，像是自然生长出来的，它们象征着人与大自然之间的一种静默对话。作品通过这种自然、流动的形态和质感，表达了人与大自然的关系，唤起观者的共鸣。

茶壶融入了更多自然的、不确定的元素，通过这种流动和变化的形态，表达大自然的无限可能，唤起观者

图 5-44　胡艺洣　杨晓金《痕迹》

对生命和时间的思考。物品不仅是用来使用的，也是情感的载体。每一次的使用，都使这件作品与使用者之间产生联系，展开与大自然、与时间的对话。

如图 5-45 ~ 图 5-47 所示《衍生》系列作品，汲取大自然之韵，承袭传统瓷器之形，以非典型之态，巧妙融合创新与传统，借化妆土磨砂质感点缀其间，烧制后的自然开裂与色彩交融透露出一种不可预知的美，隐喻着工艺与大自然之间的微妙对话。

四、综合材料审美力案例解析

综合材料审美力是图形艺术更广泛的延伸，它不仅是视觉表面美感的展示，更是通过对不同元素、风格和材质的巧妙组合，营造出多维度的感知体验。在当今信息化、数字化、跨媒体以及全球各族群交融快速发展的时代，图形艺术不再仅限于单一的视觉表达，而是成为一种跨越空间、时间与感知的综合性艺术形式。在这一过程中，综合材料审美力不仅涉及单一的形式美或色彩搭配，更强调内容上多元文化及形式上图形、材质、空间、触感等多元素的互动与交叉。综合材料审美力的关键点在于其多元化和跨界性，艺术家通过对不同材质、纹理、形态的组合与搭配，创造出超越平面和形态的立体感和时间感，这种跨媒介的表现手法，允许视觉元素在物理空间中自由流动和互动，打破了单一形式的局限，形成了一种独特的审美体验。例如，数字媒体与传统工艺的结合，既保留了手工制作的细腻质感，又融入了现代技术的精准与创新，创造出既具传统韵味又充满现代感的视觉效果。

图 5-45　刘慧　杨晓金《衍生》

图 5-46　刘慧　杨晓金《衍生》部分

图 5-47　刘慧　杨晓金《衍生》制作过程

另外，综合材料审美力还特别强调时间的维度与情感的流动。在传统的艺术与设计中，审美往往是瞬间的，而现代的综合材料更加注重持续的体验，不仅要考虑作品在某一时刻的视觉冲击力，更要关注它与观众的长期互动与情感联系。表现元素不再仅仅是表面化的，它通过细致入微的材质选择与结构安排，成为与观众身体、情绪和记忆相联系的载体。这种审美力在时间的积累中逐渐展开，为观众提供了一个能够激发感官、引发共鸣的空间。

如图 5-48 所示作品《祥之境》是笔者于英国访学期间所做的《吉祥如意》系列作品中的“祥”字作品，将字体设计、漆画特征、木刻版画形态、色彩油画色彩综合一处，打通了多模态、多材质通道。这种综合，彰显出了独特的视觉效果，体现了“综合就是创造”的理念。

如图 5-49 所示作品《肌构・层址》从无方向最后变成意境化的江南水乡，是一种跟着感觉走的探险式打造。与其说笔者在 1.2 米 ×1.8 米的画幅里恣意泼洒，不如说是遁入一片完全属于个人的、可以尽情遨游的无边宇宙。哪里是尽头？后面会发生什么？（正如卢西奥・弗洛伊德所言：我的画最后会怎么样？只有最后等我放下画笔时才知道）一切显得那么紧张、神秘，但同时又那么令人期待。如此揭开谜底闯荡未知的渴望，伴随的自然是百倍的激情、千倍的斗志（尤记得临近暑假时无所谓炎热与蚊子的干扰，通宵达旦地坚守在教室里）。

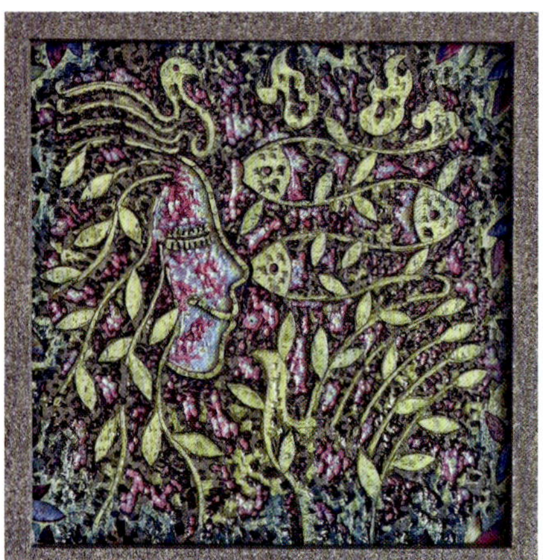

图 5-48 《祥之境》

画面最后呈现的似乎是江南水乡的意象，但绝非一个真实地理的江南，而是借助江南水乡的意象去叠加记忆与情绪的错位，那是在水雾氤氲、小桥斜柳、粉墙黛瓦的轮廓中，故意留下的模糊

图 5-49 《肌构 · 层址》

与空白，不是要还原一个精致的现实，而是要制造一种“似是而非”的情境感，使观者在熟悉与疏离之间游移，唤起某种藏在心底的感知回响。

这是一种主动的不完满，一种将“未完成”视为表现语言的审美选择，在表达中，有意识地保留瑕疵、接受不完美，使笔触不必过于规整，色彩可以游离于结构之外，线条有破绽，构图有松动，因为真实的情感，从来不是被框住的逻辑，而是流动的、不稳定的、带有张力的存在。不要试图将情绪“塑形”，而是试图让它自由生长，其间秉持着一种“江南水乡的陌生感”，因为陌生让人重新观看、重新思考，撕开惯常经验的表皮，使观者在似曾相识的柔软之中，感受到一丝突兀与游移，那是一种轻微的不安，也是一种情绪的突破。在这样的构建中，“未完成”并不是缺陷，而是一种审美的悬念，一种让意义可以呼吸、延展、转化的空间。它拒绝封闭，也拒绝被阐释得太清楚，正如江南的雨从不直接落下，而是在檐角缠绵，静静地浸入青石板的缝隙。在这种细微与暧昧中，释放情绪，使它带着瑕疵的真实自然流露，而非完美的虚假屏障。所以，不追求过多的规整与束缚，不压抑情绪的自然形态，也不强行修饰时间的痕迹。哪怕图形有些许破碎，哪怕色彩流动不均，它依然传达着某种真实的温度。

情感的图景，不在于它有多完美，而在于它是否让观者停下来，想起自己。江南不过是一个借喻，是通往内心风景的入口。我们从“未完成”走向它，又在它的水声与风影中回到“未完成”。正是这种“不完整的完整”，才使这图景真正生动、有魂、有余味，既是一次图形语言的释放，也是一种情绪的自我松绑。

一个人审美力的强度，往往与其人生的深度成正比，而这个人的深度，不完全取决于其生命的长短，而取决于其积极的人生态度，不懈怠地去冲破惯性的茧房，勇敢地去拓展更广阔的未知领域，去体验不一样的滋味，去试错可能带来困难的挑战。正如之前提到的那个乌龟绘本故事，乌龟寿命很长，但那么长的一辈子如果只生活在限定的水草丛中，对于人（至少对于笔者）来说，寿命再长也没有太大意义，所以那只乌龟最终走了出去，即使受了诸多磨难，也收获了它那不可复制的意义深远的生活体验。正如这幅画，手法的多样性、材料的无限性、技术的丰富性，以及由此产生的矛盾与情节的跌宕起伏性、效果的不可预知性、最终呈现的意境的深远性，都是综合交叉不同方式诞生的值得珍惜的过程与结果（往往过程更有意义）。

如图 5-50 所示作品《肌构·势》是与作品《肌构·层址》同一时刻创作的，这一幅作品的创作思路也是跟着感觉走，也体现了人与大自然（人与鱼）交互的主旨。

笔者以为，作为社会生活中的人，由于必须处理好与群体的关系，必然有着太多的规训、约束，或者很多事情需要依托缜密的计划、考虑得特别周详才可以行动，这样会很“累”；而艺术可以作为应对那种“累”，追求“松”的个人庇护所，是极具个性化的一块自留地，是可以释放自我压力的闲适的私人秘境。

在这处秘境，对笔者而言，跟着感觉走，紧拉着梦的手是天然选择的态度，从而变着花样、无拘无束地自由伸展、野蛮生长。在创作过程中变才是常态，正如“变是不变的永恒真理”。正是这种对变化的拥抱，使作品从最初的完全抽象状态，自然演变为一种介于抽象与具象之间的表达，不再讲述具象的故事，却又悄然唤起一种隐约的故事性，一种未明说却始终存在的叙述氛围。最终，这样的作品呈现出一种诗性意境：它不依赖具象图像，却能唤起观者心中的经验与想象；它去除了明确主题，却留下了足够的空白与暗示，使意义在观看中悄然生成、自圆其说。

图 5-50 《肌构 · 势》

如图 5-51 所示的这两幅黑白木刻作品，是笔者早期在版画领域的初探，借由版画语言表达内心情绪的一次真诚尝试。在形式上，选择了最为质朴、直接的黑白木刻技法，摒弃了色彩的干扰，以黑与白之间的强烈对比，表达笔者最直观的情绪感受。黑白的素雅不仅具备高度的表现力，也更贴近笔者当时的精神状态与创作初衷。笔者也希望借此媒介，诉说个人心灵的困顿与无助。

第一幅木刻作品，内容上，画面中人物五官被破碎切割，仿佛被巨大的精神重压所碾压，象征个体在现实压力面前的扭曲与崩溃，线条狂乱扭曲，面部的惊恐与压抑透过拉扯变形的眼睛与张口呐喊的面容表达出来。

作品在表现形式上透露出诸多不足，如刻痕稚拙，刀法尚缺章法，这种未经打磨的稚嫩，贴合了笔者当年人生的苍白与青涩。

第二幅木刻作品则延续了这种压抑挣扎的主题，但在形式上更加几何化与抽象化。

虽然这两幅作品在技术上仍有欠缺，但笔者始终认为艺术的力量

图 5-51　木刻《扯》

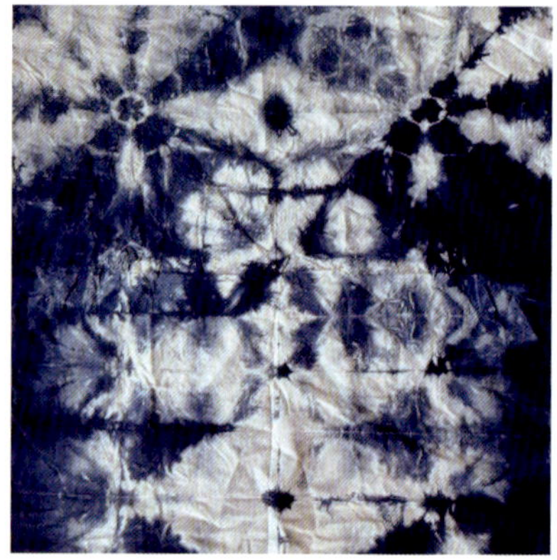

图 5-52　扎染作品《万象》

在于其能诚实地面对自己，坦诚地表达每一个阶段的真实，当时走的路每一步都有其存在的意义，用最本真的方式，记录那段被情绪与现实裹挟的痕迹。

如图 5-52 所示为扎染作品《万象》，是笔者在传统艺人示范扎一朵雪花的详尽示范教学的前提下，及基本理解了扎染原理的基础上，不愿意依葫芦画瓢而进行试错的结果。有观者见后说像一只鼹鼠，无论像什么，一千个人的眼里有一千个哈姆雷特，这才是本人想要的结果，对观者想象力的尊重可能也是图形艺术最大的魅力所在。

五、摄影审美力案例解析

如图 5-53 ~ 图 5-56 所示作品是笔者通过手机拍摄的自然景观素材，并借助绘图软件进行了加工处理。拍摄到的自然景象本身为作品提供了丰富的视觉信息，但作为艺术创作者，在照相悦己的同时，时常也渴望根据自己的主观感受与精神诉求来对素材进行形式上的对应转化。原始的大自然素材虽然提供了鲜活的感受，但想象和情感诉求有时无法得到满足。因此，通过软件的帮助，在尊重大自然的基础上，有了以下符合笔者内心额外情感诉求的作品。

例如，图 5-53 所示的茅家埠码头的一处古亭，乍看该“古亭”明显是为了复古而新做的，时空差带来的对该亭的情感受到了很大程度的扭曲，它该有的模样应是饱经时间与岁月的打磨，以及具有厚重的历史积淀，于是就有了处理过的这张图片，加上色彩的统一，呈现出一片纯粹的浪漫。

又如，图 5-54 所示的这张图片，通过色彩和质感的处理，带有明显的彩墨画风貌，从而恰到好处地传递出笔者内心向往的江南水乡的气息和中国山水画的韵味。

这些作品的创作不仅是对自然景象的再现，更是通过

图 5-53 《茅家埠》

图 5-54 《曲院风荷》

图 5-55 《杨公堤》

图 5-56 《永福寺》

笔者的审美和想象，赋予它们全新的生命和意义。每一幅图片背后，都是笔者对大自然深刻的理解和情感投射，这正是审美力的延伸。这种模式的创作过程进一步印证了艺术的无限可能性，它突破了传统摄影与绘画的边界，通过现代科技手段，将大自然与人的情怀进行了深度的融合。

六、装置艺术审美力案例解析

如图 5-57 ~图 5-59 所示的作品《花开·时间在场》是以陶瓷为媒介，通过拉坯成型和不同色彩的高温釉烧制而成。整体以花瓣碗碟形为基础，在造型上略带自由的扭动和变化，边缘起伏不一，像极了盛开的花瓣。这种“花”的意象是整组作品的核心，该作品拟表达“以生机对抗荒芜，以繁华取代萧瑟”，即“繁花似锦”的理想愿景。

高温色釉陶瓷材料很契合这个主题：①它不惧风吹雨打、怒火烤炼，“花中铿锵玫瑰”；②陶瓷源于土地，植根于土地枯草间等同回归，无违和感；③陶瓷高温色釉色彩绚烂无限，魅力无穷，可与各类鲜花、各类色彩竞相媲美；④陶瓷质地坚固，而且与地球同龄，恒久悠远，寓意花开永不败。

这一簇簇鲜花自由地散落在干枯的草地上，质地对比之间，“花”越发灿烂，郁郁葱葱。愿人间繁花似锦，愿大地生机盎然。

如图 5-60 所示为图形艺术审美力及其效用的思维导图，之所以放在本书的最后，因为其是对本书关键要点浓缩的图表化诠释，下面借此再来梳理一下本书的概况。

在 AI 时代聚焦于审美力的大背景下，社会不同层面都在为此作出其自己的思考并以独有的方式采取其相应的行动。近几年经常性地耳闻目睹诸媒体中哲学界、

图 5-57 《花开 · 时间在场》之一

图 5-58 《花开 · 时间在场》之二

文学界、教育界、心理学界、设计界、音乐界、商界人士等纷纷聚焦“审美力”并分享其真知灼见，笔者颇受启发与教诲。

笔者作为视觉艺术从业者，对审美力也发表一点浅见，仅从“图形艺术”这个区域来探讨其表象与内核，即在人的审美力驱使下图形艺术产生的前因与后果。

图形艺术（语言）多取材于生活（如文中多次用到的“兔”元素），而在人的审美力的驱使下，将该元素通过一系列思辨、变化及践行而使其超越于生活，即将人的思想情怀（内容）借助于“兔子（拟人化）”以其相应的、合理的“形式”（外貌）加以表现。人的情怀极度复杂，巧妙的是，艺术表现形式也五花八门，即人的各种情怀（内容）与艺术的各种表现（形式）有着天然的对应关系，即任意内容可以通过合适的形式得以彰显，使内容与形式达成统一。进而言之，这种统一的形式与内容丰富且多变，也有高低之别，丰富多变和高低之别，正是审美力集中体现的关键节点。

为了说清这个问题，笔者结合在图形艺术领域的亲历践行实例与切身感悟进行论述，不是彰显自己的作品质量有多好，观念有多高，而是作为普通人，以普通人的视角说说自己的大白话，也觉得亲历的“真情实感”可以一说，于是编写了本书。

但书里的内容庞杂、分支林立，故借该思维导图将其

图 5-59 《花开 · 时间在场》之三

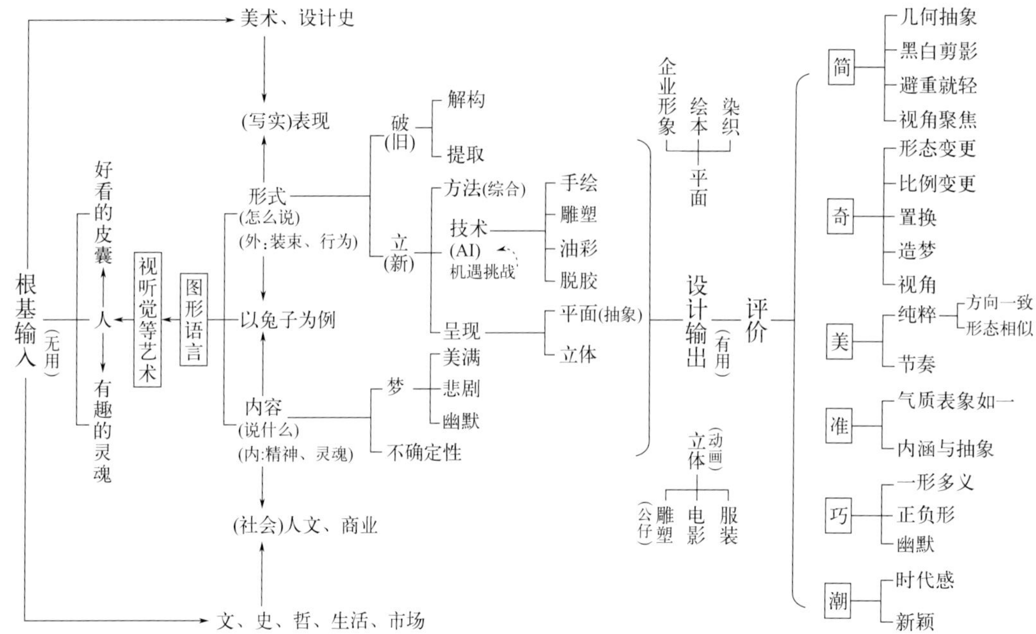

图 5-60　图形艺术审美力及其效用之思维导图

中主要思路加以呈现，希望能够辅佐说明。以上提及图形艺术（语言）由内容与形式双翼组成，图也是按这个思路来加以分析的，具体分析在书的内页中有相关对应，大家可以查阅。

在这里需要特别强调的一点是，与其说是通过审美力研究与践行“图形艺术”由内而外、从内容到形式的不同拓展与演变，不如说是借“图形艺术”的创意与实施来映射怎么让一个人达到自我激活与提升。图形和人一样，可以尽情体验不同风格与姿态的“人生”，很多时候有着破与立，甚至置之死地而后生的境地。二者均有表象（形式），也有特质（内容）。换言之，图形的形式好比一个人所穿的外在服饰，而图形的内涵犹如一个人的思想与气质。优秀的图形艺术，其外在有着独一无二的形态、色彩与材质等，其内核隐藏着深刻的哲思与道德观念。正如一个完美的人，即所谓好看的皮囊与有趣的灵魂的统一。对图形艺术的研究与践行，尤其是对其审美力的拓展与升华，就是人如何提升本我的研究，即从做人最深层的思想、品格、情怀入手优化本我，继而通过个人的言谈举止、外貌服饰等得以展开与释放。换言之，优秀的图形艺术，取决于其背后的人的审美力；而人审美力的高低，取决于这个人的思想与姿态。

附录

浅谈插图专业教学中的“综合”问题

Topic: Issue on professional teaching of illustration

（本文曾发表于《装饰》2007年第1期）

提要：本文针对当今全球化时代的国内“插图”专业教学，在新形势下应重新审视它的科学性、时代性及有效性。该文从东西方插图主要历史进程的比较分析中，归纳并指出了中国现行插图的状况及插图教学中常见的典型问题。然后一一进行论述并提出了独到且切实可行的解决方法。那就是与插图最紧密相关的所谓“狭义”范畴的“综合”，分别为：通过“综合”与插图相关的各类新颖视觉载体，综合各类主题文案，综合各种创新思维方式，综合全球各族表现技巧，综合计算机及数码技术等五个方面的图文并茂的严密论述，为现阶段建设具有中国本土特色的插图专业提供了可贵的思路。

关键词：插图教育　西方与中国　面临的新问题　解决　综合

Abstract: This article focus on national illustrate professional teaching under the worldwide situation. We should pay more attention on the scientific, fashion and available about the teaching. Comparing and analyzing with history of Western and Eastern, which draws conclusion on illustrate situation and illustrate teaching frequent questions now days in China. Then from the discussion make out available way to resolve. That's the most relevant on illustration 'narrow understanding' scope of miscellaneous. They was descript at five section: assorted newest visual load, lots of files of article, mixed innovation idea, worldwide nationwide technology of showing and computer digital technical. It lead a good way for the Chinese special teaching on illustration.

Keywords: Illustration education　western and China　under the new question　resolve　miscellaneous

引言：近年来，作为应用美术教育的重要环节的插图专业，它原有的教学模式，无论形式和内容都严重存在不妥和局限，如盲目跟风、片面模仿美国写实插画等，这样显然难以面对新形势下，全球化趋势的进一步加强，计算机绘图及数码技术的日新月异，难以适应当今中国本土插图教育的健康发展，如何在当代文化的多义性、综合性和交叉性的新形势下，不迷失方向而创造出一片属于自己特色的插图专业教学的天空，是本篇文章所要寻找的答案，也是国内在该领域研究所存在的空白点。即使有少许有关插图的编著，但从今天来看，显得局限与相对过时，而且大多侧重插图基本概念和规律的介绍，以及有限的技法的解说。我在这里特别要提出的是：努力寻觅到更适合现阶段中国本土的插图教学模式。

今天的全球化时代，艺术的发展呈现出了前所未有的多样化趋势，当代美术的多义性、综合性和交叉性，都在呼唤新的美术教育机制和创造思维方式，以往单学科、单层次的教育模式及教学内容，显然已难以适应当今艺术多元发展的要求。

绘画的融会综合已是现代艺术潮流的重要组成部分。艺术只有融会贯通才可能产生新的希望，正如马泉先生所说的“综合就是创造”，所谓“综合”，不是指各画种之间简单的混合和拼凑，而是指突破学科界限，融合东西方文化精髓，拓宽艺术表现媒介和手段，是跨传统、跨观念的交叉融合性的美术概念，并有效地结合到新时代的美术创作中去。

作为实用美术的重要环节的“插图”的教学，在新形势、新时代下，同样应重新审视它的时代性、科学性和有效性。现阶段如何建设具有中国本土特色的插画专业，向美术教育的传统思维方式提出了严峻挑战。

“插图”一直以来被宗教、文学、科技、词典、词鉴等所引用，现代汉语词典中释义为：插在文字中帮助说明内容的图画。从这层意义上广义地来理解，在书籍等视觉作品中，除文字以外，可作为辅佐说服和论证内容的所有图画、图例、计算机图形、影像，甚至立体图形等，可统称为“插图”；而一般意义上来说，“插图”更侧重于人工绘制图形的层面上，在中国古代有图画、绣像、全图等之称，英文中称这类图像为“Illustration”。

自古以来，插图是传播媒介中的重要构成要素，它与文字相辅相成，共同承担着交流思想、传达信息的使命，在以往传播媒介中，书籍中运用插图是最主要的一个方面，例如：古埃及时期死亡书中与天神见面的场景图；欧洲中世纪时期手抄本中的宗教故事图；中国唐代金刚经中的佛像图，宋代本草纲目中的草药图，明清小说中的故事情节图等。

在西方，特别是工业革命以来维多利亚时期，曾经是英国殖民地的美国，在取得独立之后，经济发展极其迅速，很快成为西方的经济强国之一。随着经济的发展，商业也得到了长足进步，商业发展自然造成商业促销广告的需求，因此，广告的需求日益增大，插图从此开始大规模地运用于广告设计中，从而带动西方的插图大大跳出了限于书籍内运用的范畴，而随着物质文明及精神文明的进一步提升，插图也相应地渗入了更广的其他视觉载体中。派尔是美国现代插图艺术最重要的奠基人之一，他一边勤奋创作，一边担任教学，从他 1876 年工作开始，一生共创作了 3300 张插图作品，同时撰写了200多本书。他的时代，被称为“美国插图的黄金时代”。到了二十一世纪的今天，西方的插图已经到了相当成熟的阶段，从每年的美国插图年鉴可见一斑。

和西方社会不同，中国古代插图技术曾经独树一帜、别具风格，这与与插图密切相关的印刷及造纸术发明分不开。如北宋雕刻铜板《济南刘家工夫针铺》里兔子捣药的插图，是国内现在能见到的我国最早的商业插图，画面里图案居中，广告标题及说明文陪衬周围，编排考究。但是由于后来极其漫长的以小农经济为主的封建社会以及重文轻商的传统，插图始终很大程度上局限于文史、科技等书籍范畴。

始于20世纪70年代的改革开放，百废俱兴，20多年前直至今天的经济兴旺史，类似于西方美国18世纪70年代那样，刺激了插图在国内的各类文化事业特别是广告传媒领域的应用，也促进了插图艺术的蓬勃发展，但整整较西方晚了150多年。

也正是在这么一个特殊时期，世界面临了一个崭新的问题，那就是因为科技的进步、交通的便利，各国人类交流日益密切，国际对话日益频繁，经济、文化中出现了“全球化”趋势，并以波澜壮阔之势席卷了整个世界。而且，全世界还得面临另外一个崭新的问题，那就是社会分工越来越细、文化事业种类越来越丰富。计算机绘图的日新月异，加上网络的普及与运用，使如今的插图所面对的需求发生了巨大的变化，在本来就比西方落后150年基础上，今天却要站在同一起跑线上面对这同样一个崭新的时代，中国本来原有的滞后且不健全的插图水准如何面对这突如其来、洪水猛兽般的变革呢？如何才能把握中国插图健康建设发展方向呢？这个问题不得不引起社会特别是业内人士的热切关注。而中国的插图教育也正是在这么一种状况下发展起来的，所以不免捉襟见肘，相关理论研究更是存在诸多的空白与不足。百年大计，教育先行。作为插图人才培养的教育机构应首先担当起这沉重的历史使命。

青少年是国家的希望，是未来中国插图人才之所在。插图专业教育的思路科学与否，直接关系着未来插图事业的健康发展，以至于培养更优秀的插图人才并更有效地服务于社会。要建立正确的教学思路，首先必须洞察现阶段插图所面临的问题。笔者综合以上所述加上一些其他相关调研，归纳出国内已有的“插图”教学大致表现为如下一些具体状况。

（1）仍单方面结合书籍应用为主，难以面对现今更为丰富且新颖的视觉载体的需要。

（2）“插图”教学大体上仍然为绘画教育的简单延伸，往往过于强调绘画语言及审美规律的掌握，而忽视了结合与之密切相关的其他各类视觉作品所附有的主题文案，即使有一些院校也加强了应用的力度，要求学生针对一些文案进行创作，但一般只局限于小说、故事及极少的商业范畴，与现阶段“插图”所面临的更广泛、更新颖的实践应用相对脱钩。

（3）创新思维能力培养薄弱，没有综合有效的创新思维方法，使得插图作品大多只倾向于“连环画”特征，难以满足当今各类多变的视觉作品的更具体、更实际的要求。

（4）表现形式及技法相对单一，存在着盲目跟风，如片面模仿西方写实“插图”，“民族性”表现方式探索薄弱。不能为健康建设中国本土插图作品提供创作表现的丰富养料。

（5）过度依赖计算机及数码技术，漠视传统手工绘画，不能正确处理好手工与计算机及数码技术的互相关系等。

以上诸多状况，对学生的培养存在着一定的制约与缺憾，有碍于现阶段中国本土插图教育的健康发展。如何有效地解决上述问题呢？笔者认为可概括为“综合”二字，在这里有必要说明的是，从根本上来看，“综合”其实是一个极其复杂的系统工程，特别是进入了信息时代，以及物质和精神文明高度发达的今天，作为应用美术的插图创作者要真正胜任该项职责，必须具备非常全面的“综合”能力，如对经济及市场作出快速的、积极的反应能力，对信息科学、环境学、营销学、行为学、心理学、生态学、化学、物理学等方面的知识，都是一个优秀插图创作者必备的素养，可以说，作为应用美术的插图创作者应当具备的知识结构、能力技巧横跨文理工科，所以插图专业可以归到艺术院校或文科院校，也可设置在工科或理科院校，在遵循艺术教育共同的规律前提下，而形成各自的优势和特色。所以说要培养一个有较全面的综合素质的插图人才，是一个非常复杂的系统工程。这是一个大题目，关于新插图教育全面的较广义的“综合”问题和相关的历史、现状及发展可以写一部专著和展开广泛讨论。在这里，我只打算就其几个方面，从狭义的角度谈一下“综合”。对现代插图教育能应对今天新形势下所要求的与插图紧密相关的知识、思维、技能及文化资源等方面做一个浅显探索、挖掘，然后加以综合，并贯通到插图教学中去，使插图专业教育踏上时代节拍，让插图人才更有效地服务于社会。而且针对这一狭义“综合”作了以下一些具体思考及尝试，愿借此与业内人士探讨。

一、综合与插图相关的各类新颖视觉载体

正如前面所述，中国的插图脱胎于小农经济的封建社会，到大规模应用于商业等各类视觉载体中至少落后于西方 150 年，始于改革开放的不足 30 年的历史。而作为现代应用美术的插图怎样更好、更全面地服务于社会，这就不得不让我们研究它是如何与市场经济、商业社会紧密联系的，不得不探讨它以何种更有效的姿态深入到社会生活，特别是各类新颖视觉载体中去的。首先，与现代插图应用密切相关的现代视觉载体

大致包括如下这些：书籍杂志（包括文艺类、科普类）；广告（包括招贴、平面报纸广告、传单、橱窗、POP等）；包装；机构形象系统；网络（网页、索引、条目）；建筑、产品设计；活动（文体演出、展览）；动画（把人、物的表情、动作变化分段画成许多画面，再连续拍摄，经过视觉上连贯处理而成为有动作的插图）、电视、电影等。从中可以看出，21世纪的今天与插图密切相关的视觉载体种类发生了深刻的变化，远远超出了几本书籍的范畴，而且各自有着自己的特质，如招贴广告这一视觉形式，要在琳琅满目的商业世界瞬间吸引匆匆过往的行人的眼球，一般需要招贴插图概括，构图饱满、黑白反差大、色彩强烈等特点，与拿在手上阅读的相对柔和、悦目的书籍插图情况迥然。这就要求在插图创作教学过程中，必须指导学生综合考虑招贴的这些独特要素，而使作品最终有效传达信息。又如，立体架构POP广告，它是摆放在商场柜台周围的、使商品与顾客直接亲密接触的“推销员”，一般要求插图创作极富人情味及感染力，诱惑顾客轻松购物，如采用形态可掬的卡通插图往往奏效。再如，产品设计的插图往往要求体现产品内部细节及具明晰的组织关系，在针对此类插图创作时，如可指导学生采取结构素描的形式进行表现。例如，万维网（the World Wide Web）使现代生活发生了空前的变化，网络浏览各类信息，参阅各类资料已经基本成为每天所必需，组成网页的主要元素同样是插图和文字，而且插图显得更丰富。由于要考虑网络的传播速度及网络信息的庞杂，所以在指导学生进行插图创作时，一般可建议他们尽量简洁概括，有些甚至要求具有标志那么浓缩的特点。可见，现阶段插图所面对的视觉载体灵活多变，加上社会分工细化；产品五花八门，如针对儿童用品、妇女用品、老人用品等方面进行插图创作时，原则上都应单独进行分类研究各自的特点。所以，作为应用美术的今天的插图教学，一定跟得上今天的时代节拍，综合考虑各类新颖视觉载体的各自特点，深刻理解各自要求的前提下，科学地安排教学计划，使学生进行针对性的插图创作，让他们将来更有效地服务于社会。

二、综合各类主题文案

作为现代应用美术的插图与市场经济和商业社会紧密相关，已深入到社会生活的方方面面，对推动当代经济与文化的发展有着不可忽视的作用。“插图”作为实用美术教学中的一个重要环节，它承担着把以前相对较灵活的素描等基础造型能力，转化成有一定主题限制的创作能力的使命，是基础绘画技法通往美术应用的桥梁，而不能再视为只强调构图、黑白等绘画技法教育的简单延伸，以及单纯追求多样统一、尺度比值等形式法则的审美原理。插图作为一种主题创作，它的主要功能就是以传达主题为目的，以准确的视觉形象辅佐抽象的文案更直白地说明问题，便于人们直观地理解，其艺术化的形象更具感染力，使人们更易加深印象；同时，插图的视觉形象与文案参差错落，更加烘托了传达的内涵，使图和文相得益彰。如

图1 亲亲家园房产推广插图

《本草纲目》里补说药理的植物形态图，一般都是配合文案进行说明，可见，插图这一辅佐主题文案说明问题的功能是显而易见的，也是对应了常说的插图作品中的“准”（准确传达给客户对象的理念、诉求）的原则。所以，在针对“插图”创作教学训练时，其一，图形表现不应割舍文案而单纯地要求绘画语言的掌握，是一种有条件的，在理解文案内容前提下进行的创作，所以在教学过程中，首先应给学生提供相关的文案主题，让他们在充分理解该主题文案内涵的前提下进行命题创作；其二，作为主题创作的“插图”练习，是衔接基础与美术应用的纽带，正如上一节中所列举的，现代插画的应用范围除了书籍艺术，也广泛服务于社会生产消费的各种需求，拓展于商业活动、机构形象系统、工业产品展示、网络及影视艺术等诸多领域，现代插画应用范围之广甚至可以包容平面广告设计的所有图形部分。那么在选择插图创作文案素材方面，必须涉入插图应用的各方面领域，以此更紧密地呼应社会的实际需要，如给学生提供主题文案时，可选择如结合书籍中某小说的剧情、某电视节目的脚本、某公益招贴广告的劝说、某日用商品的性能特点、某房地产推广理念、某产品展示的性质定位等，使插图创作与文案进行更直接、更丰富、更有针对性的综合贯通，让插图作品真正做到有的放矢。如图1所示是学生为杭州亲亲家园房产推广所作的插图，在指导学生创作时，首先应给学生提供该楼盘推广的主题文案，如该文案大致为：物以类聚，人以圈分，选择一个圈子，就是选择一种生活，正如选择亲亲家园邻里圈，就是选择一种安全、友善的新邻里生活……然后要求学生针对这一主题文案进行深入分析，甚至作一些针对该楼盘的相关的调研，在充分理解文案及该楼盘总体理念的基础上而创作出相应的插图，从而做到有的放矢。如图2所示为杭州“面对面”面馆店面海报所做的插图，将产品图形本身的特征和人与人和谐相处的理念自然地融合在一起，准确地传达了该面馆的服务理念：食美味碗面；润情感当面。所以，插图创作应该是针对现代实际的视觉需求，充分理解并综合该视觉需求所对应的主题文案的前提下进行的。

图 2　面馆店面海报插图

三、综合创新思维方式

一个好的插图作品只有做到“情理之中，意料之外”才能强烈感染人和留下深刻印象。但是就目前传统插画教学的方法要求，往往侧重形态的比例、特征，以及单纯追求形式美法则和规律等，而忽略了突出与众不同的独特性形态。要突出独特性，相应地要求与众不同的超乎寻常的想象力，因此加强创新思维能力的培养而弥补传统教学上的缺憾尤为重要。

在竞争日益激烈的全球化时代，创新思维能力的培养比以往任何时候都显得紧迫与意义深远，谁更具有自主创新思维能力，谁就抢得先机，立于不败之地。插图作为信息传达的重要载体，要求插图创作必须体现极强的独特性和艺术性。所以插图创作训练时要求图形符号具备一种独特的艺术创造力，这一创造力的表现也可以“出奇制胜”，从而使作品在如今信息大爆炸琳琅满目的传媒狂轰滥炸中脱颖而出。

那么如何有效地提高作品的创造性呢？专家们提出过若干的创造性训练方案，如“大脑暴风骤雨”方案和“异质因素组合”等较为有名，前者的理论依据为创造过程包括产生观点和评价观点两个步骤，而且这一方案的实施要遵循两大原则和四项规则：原则之一是“推迟评价”；原则之二是在数量中求质量，就是说产生的观点越多，其中有些观点就越有可能是创造性的和有用的。四项规则依次为取消批评；鼓励随心所欲；追求数量；力求组合和改进。后者是由戈登在 1944 年提出的，这种集体活动方案是激发创造性的方法之一，是组织背景不同的各种人，唤起大脑的积极联想和想象，通过比拟来说明和解决问题的方法。意思是将显然不相同的不同因素组织在一起，这种方法也有两大原则：其一是变陌生为熟悉（通过比拟和比喻，将新问题变成某种熟悉的事物）；其二是变熟悉为陌生（通过比拟用新的方式观察某些很普通的事物）。“异质因素组合”法运用四种比拟，即个人比拟（想象自己成为工作的对象）、直接比拟（将某个领域的事实、知识和技术用到另一领域）、象征比拟（用想象来描述问题）和幻想比拟（个人表达自己所希望的、最理想的解决问题的方法，即使是幻想的）。这种方法在进行比拟时也可以结合“大脑暴风骤雨”法进行。这些创意方法引导作者以一种更加开放的精神、观念去完成创作，为创作提供了可贵的思路。

以上谈的主要是前人对产生创造性的一些大的、可贵的方法和方向，在这里我还想针对插图创作，特别是对插图表现形式的创新作一些必要的补充说明。早期插图的一种典型代表形式是“连环画”，崇尚的是一种相对写实、平铺直叙、通俗易懂的创作风格。它不仅代表了一个时代，而且这种创作风格到了今天同样有着极高的信息传递的实用价值和艺术价值。例如，常见的在公交车上警示提防小偷的“插图”，就是以这一传统的形式表达了传递的信息。

随着全球化、后现代主义的风靡，人类的视觉需求产生了复杂的变化。“连环画”式这种单一的创作风格不能满足各种形势的需要，如为某些招贴所作的“插图”，往往要求一形多义，简洁概括，奇特而要富有视觉冲击力，需要在瞬间吸引住眼球。这就给平面设计的“插图”创作提出了更高的创作的要求，相应地使“插图”教学在继承“连环画”式的传统模式下，更注重多种创新语言能力的培养，可从如下几个方面寻找创新之契机。

（1）始于 20 世纪初欧美的现代主义艺术运动和 20 世纪 60 年代以“波谱”运动开始的当代艺术运动。这两次运动中包括艺术的目的、艺术的价值观、艺术服务的对象及艺术的思想内容和艺术的表现形式发生了革命性的变化，艺术家把个人的感受带入了艺术创作，个人的风格大相径庭，而资本主义庞大的艺术市场又能够包容多元的个人风格，这又进一步刺激了艺术的发展。如表现梦境真实的超现实主义、提倡“破坏就是创造的”达达主义、“就像万花筒看世界”捕获运动轨迹的未来主义、强调点线面几何形情感的抽象主义、通过块状笔触表现对象精神实质的立体主义等艺术思潮为插图创作提供了丰富的养料，特别在插图表现形式上提供了可贵的借鉴。如图 3 所示为《西

图3　沙僧形象

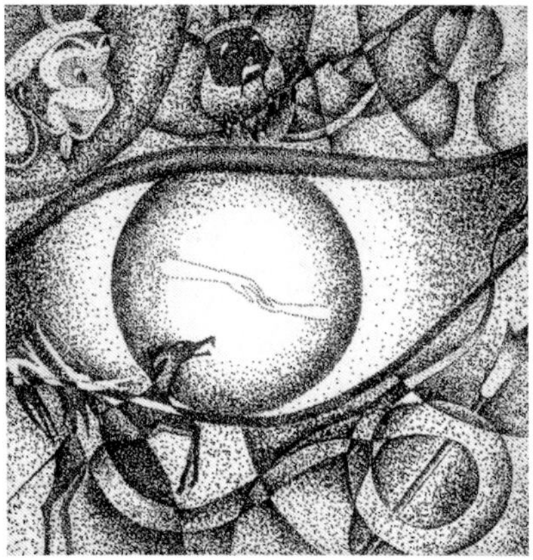

图4　宝莲灯内形象综合

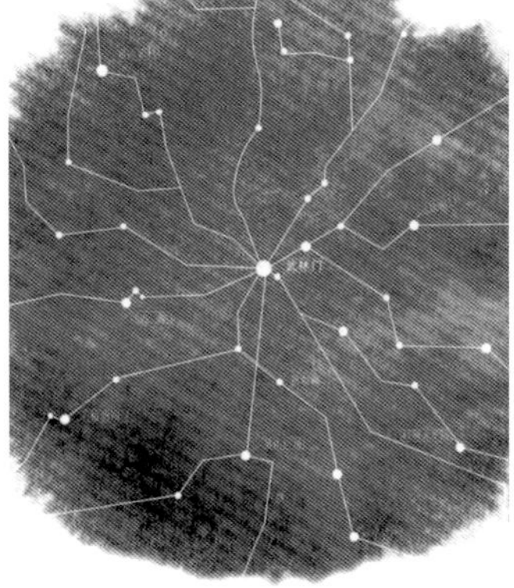

图5　杭州公交形象

游记》中沙僧的形象，就是让超现实主义的思想得以完美地体现，成功地表现了沙僧的朴实和勇敢的品格；如图4所示是通过立体主义的表现手法，将宝莲灯内众多形象综合为一体而产生的插图艺术，使得主题突出，画面浑然一体，具有鲜明的艺术个性，情理之中而意料之外。

（2）马泉先生提出的一些创意联想方法也是提高创造性的有效途径，包括形与形的联想、事与事的联想、意与意的联想、意与形的联想、有意识联想与无意识联想，以及不同环境、事件、情景等之间的联想等。如图5所示是对杭州公交的形象推广所作的插图，就是公交线路与荷叶叶脉进行了形与形之间的联想。

（3）从改变视觉形象的大小、空间（包括矛盾空间）、视角等方面，让视觉形象处于一个全新的位置，从而放大作者所要重点表现的部位，或者让本来显得普通的视觉形象多了一份特别和新奇，使形象更典型、更脱俗。

（4）在写实、象征、幽默等不同表现形式方面进行探索，增强创作语言的丰富性。幽默，在现代生活中扮演着越来越重要的角色，这与现代人生活质量的提高及追求自我的观念的发展分不开。幽默是喜剧的一种特殊样式，虽说幽默不仅可以是赞赏性的，也可以是批判性的，但一般来说，幽默的形式是有趣的、反常的，情感反应有更多的快乐成分。所以在某种程度上，幽默的插图作品可以给人带来会心的微笑、同情的苦笑、含泪的嘲笑或轻微的讥笑等，“笑比哭好”，幽默是煽情的灵丹妙药，能让作品更具感染力。总体来说，创造性是让插图作品新生的法宝，以上列举的一些让作品获得创造性的有效途径并不是单层次的，互相之间可以交叉综合，灵活运用，针对不同的主题作出巧妙的处理。这样才能给插图艺术创新提供更为全面的思维方式和构建理论支撑，创造出更富有创意的、完整的插图。另外，还应该引导学生明白的是：创造不是纯粹个人的事业，除了注重团队精神、重视集体劳动外，创造性总是从现代生活中获得动力，在现代生活中受到验证、评判和被决定取舍。于是就可能出现创作思维是创造性的而作品实际上并非创造性的这种情况。作品是否真的具有创造性，需要放在一个比个体及其作品更大的范围内来看，在与同类作品的比较中加以确定。所以“艺术来源于生活”始终值得推崇。鼓励学生放开眼界，加强修养，不断学习，不断进取，深入生活才是获取更多创造性的最佳途径。

四、综合全球各族表现方式

既然“插图”创作训练中奇特性如此至关重要，那么除了把握以上所涉及的创新思维方式外，插图表现技法的丰富与独到，也为作品的奇特性提供了广阔的空间延伸，而且进一步让作品具有强烈的艺术美感。这就要求在插图创作训练时，应该兼顾创新思维方式的培养，同时还有一个重要的方面值得注意，那就是与图形元素相适应的表现技法。

从古到今的各种绘画、装置艺术等的表现技法，给我们提供了丰富而广阔的表现形式，巧妙地运用这些形式技法会让作品插上“美”的翅膀，从而使作品更具表现力。在表现技法中如点画素描、水彩、钢笔水彩、水墨、水印木刻等各类版画、脱胶、刮刻、剪贴、立体模型等，每一种技法都会赋予图形一种特殊的表情，在帮助图形传情达意的同时，也赋予图形以美的质感。当然不可能在有限的课时内要求学生掌握所有这些技法。在教学过程中应根据单个学生自身的特点与兴趣，要求学生掌握相关技术并与感性认识相结合，对学生进行启发式教育，从而拓展学生在技法方面的技能及视野，为创造新颖而美观的作品积累更多的灵感。如图6所示是为“鸟与森林”的公益广告所作的图形，内容上是告诉人们保护森林、爱护鸟类；技法上通过特殊的脱胶，成功地塑造了一只失去了家园的凄惨哀鸣的鸟儿。整个气氛沧桑、狼藉，在艺术表现上引起强烈的共鸣。

另外，在表现技法上还值得一提的是，插图教学要善于挖掘中国本土特有的视觉表现方法，塑造我们民族个性化的形式语言。全球化不等于西化，应从东西方文化的渊源比较分析中，理解各自文化的差异与优势，在此基础上提倡弘扬民族文化中的优秀部分，这也是中国插图创作工作者的神圣使命。正如被外国媒体誉为“中国的形象大使”的国家新闻办原副主任赵启正说的：“只有在世界文化中占有一定的份额，才能成为文化大国。只有文化大国，才可能成为世界强国。从某种意义上说，谁开始喜欢你的文化，你就开始拥有了谁。”他呼吁振兴中国民族文化，推动中华文化走向世界。可见，文化中的“民族性”达到了前所未有的高度。

然而，20世纪正值改革开放时期，西风东渐，西方文化的强大冲击曾一度抑制了诸多中华优秀传统文化的弘扬，使得如今的中国插图在很大程度上留下了西方插图风格的深深烙印。这里面有人为的主观因素，也有其必然的历史成因。从历史成因来看：

（1）在艺术表现方面，早在西方资本主义萌芽的文艺复兴时期，西方插图的立体感强烈的写实风格已经成型，跳出了单线平涂、平面化、散点透视的古典风格，与东方中国的白描为主、相对意象的古老风格形成了强烈对照。当时的欧洲在历经长期的、落后的中世纪阶段之后，进入了政治、经济、文化的稳固和快速发展的阶段。日益增多的大学设立、人数日益庞大的有文化的中产阶级的产生、都市化的进程、宗教的普及化及市民化，都成为需要大量书籍的社会条件。而手抄本耗时、耗力、耗财，根本无法满足社会的需求，然而就在之前后，中国的造纸及印刷术的传入，大大促进了欧洲的书籍的发展及文化的普及，从而也大大带动了插图技术的进步。另外一个重要的因素是，透视学、光学、解剖学等科技的进步深刻地影响了插图表现，从而促成了立体感强、高度写实、直观、真实的西方典型的艺术表现风格。加上正如前面所讲到的西方的工业革命的推动，插图艺术已经相当成熟，并随着早期的海外殖民和国际交流及当今的全球化之风渗透到了世界各地。

（2）中国虽然发明了造纸及印刷，但很长一段时间始终没有摆脱落后的封建统治，所以长期以来，造纸及印刷一直是极少数文化人和权贵们独享的工具。加上近现代内忧外患，经济和商业的滞后，使插图艺术基本停顿。直至20世纪70年代的改革开放，国

图6　鸟与森林公益广告插图

图 7 金华酥饼插图

内插图艺术迎来了第一次大规模运用的全新局面。经济发展极其迅速，以至于插图的进步远远落后于此，难以满足经济发展的迫切需求，就很自然促成了“拿来主义”，产生了将西方现成的原有插图经验照搬的局面。西方写实风格的确有其真实、直观、强烈的感染力，当然需要吸取。如冈特兰堡、金特凯泽等设计大师将立体模型转换成的插图，令人仰叹。然而，东方原有的文化同样独具特色，中国的写意水墨，意蕴悠长，很具表现力；中国积淀了几千年的传统造型艺术，而且民族众多，地域复杂，文化差异明显，给我们提供了丰富的造型资源和表现技法养料。文化资源独具特色而不胜枚举。中国的民间艺术中，剪纸、泥塑、年画、刺绣中的塑形方法更是生动有趣、精彩绝伦，如果将其综合到相应的现代插图创作中去，肯定别出心裁、独树一帜。再拿前面的**图 5** 来说，该图是杭州公交形象推广中的插图，主要是通过了中国水墨的渲染，而体现出了这一江南水乡的韵味与含蓄，如**图 7** 所示为中国传统小吃——金华酥饼而作的“插图”，由传统剪纸与写实图形综合一体，风格新颖别致。所以在表现技法上应善于挖掘出中国本土特有的、丰富的表现资源。都说中国文化博大精深，但又有多少我们在插图创作上真正地去理解和应用它了？西方人知道引用中国的造纸、印刷术，并进行改良以至于大大超过中国。那么我们为什么不可以吸收西方的好东西巧妙地综合到中国传统文化中去呢？西班牙现代艺术的形成就是一个典型的范例。西班牙艺术别具特色，出现了许多世界一流的艺术大师，如米罗、达利、毕加索等，成为西方现代艺术的摇篮。这在很大程度上是因为：一方面西班牙地处欧洲，身受欧洲文化的冲击；另一方面，西班牙三面环海，位于欧洲大陆的最南端，与非洲只隔直布罗陀海峡，是一个易受各方文化影响的交通要地，加上阿拉伯人的长期占领，带去的中亚文化的渗入，以及后来哥伦布等的环球探索，引进了许多不同的、可贵的异国文化。各种不同的文化天然地在这里交叉、综合，才造就了西班牙别具一格的精彩艺术。可见，西班牙的艺术形成现象是值得我们深思和借鉴的。古今中外还有数不清的丰富的文化现象，都可以为插图主题创作带来充裕的选择，合理地借鉴并加以综合利用，会使插图作品更具独特性与“美”的感染力。比较东西方文化的差异，吸其精华，提倡立足本土，挖掘自身周围“原生态”的表现技法财富，提炼、精化到插图表现中去，才能使作品更具“美”的活力。如图8所示还是为房产亲亲家园所作，该图巧妙利用了中国书法的框架汉字，就像一个有趣的凳子，坐上了两个亲密卡通朋友，两个真实摄影茶杯的合理点缀，加上意象的平面化的底纹，雅致而得体。不同的技法相得益彰，反映了作者别致的综合能力。

图8　房产亲亲家园插图

可见，挖掘中国传统文化中的优秀部分，并巧妙地综合其他文化中的精华，是我们进行插图创作教学时、凸显个性特征的有效手段，也是使作品具有长久生命力的必要条件。在把握这一点的前提下，在综合的过程中，还必须懂得表现方法的时尚性。具体地说，我们在插图创作时，在内容和形式两方面推崇民族文化过程中，还应该具有国际能够认同的基本规律。这是顺应全球化的需要，我们如今的大多插图作品所面对的不仅限于国内需求，而更多的是走出国门，面对的是全球大众。“韩流”之所以盛行，是借助了我们“民族性”的好东西并结合时尚之风才大张旗鼓，韩国人不仅读懂了中国儒家文化，也读懂了世界潮流，在这一点上是值得我们学习和借鉴的。因此，在插图创作应用上不是原本地把传统的元素直接搬出来，而是要赋予它一定的时代气息。如日本的Kazumasa Nagai先生经常采用日本传统的风景、传统戏剧场面，或者面谱、书法、面具、浮世绘作为插图的装饰动机，把这些高度民族性的装饰主题安排在国际流行的方格网络中，统一而具有韵味，既是民族的也是时尚的，从而使他的作品受到国际的普遍欢迎。所以，插图创作还应该综合民族文化与国际潮流。

五、综合计算机及数码技术

高科技给我们的生活带来无穷的财富和便利。20世纪的最后20年，计算机开始越来越广泛地运用于插图创作中，电子设备、电子信息处理系统、数码摄像成为新技术的核心，插图艺术首当其冲是数码革命最主要的实验点之一，新的计算机硬件和软件都在插图创作中最先使用。计算机技术、数码技术及通信技术的发展也是令人目瞪口呆，卫星通信、移动电话、数码电视、全球定位技术、网络等，曾经还是科幻的东西，却在短短几年之内成为我们生活的主流，发展如此之快，是远远超出一般人的想象的。插图创作在这个前提下自然有其相应的改变和发展。在艺术表现技法方面，计算机绘图技术的快速与神奇，以及数码摄像的便利给插图创作带来了全新的革命，增强了表现效果，提高了出图效率，推动了插图的长足进步。以前完全手工绘制的插图的年代好像退出了历史舞台。艺术院校学生大多有条件配备计算机和数码相机。许多作业的确少不了计算机和数码相机的支持，但科技从来都是双刃剑，带来便利的同时也滋养了过分依赖计算机及摄像的惰性，以至于在一些作品中的表现形式感觉缺乏人性味，又机械、生硬、冷漠而千篇一律。即使有好的创意，也经常被牵强的图片堆积所淹没。如何正确使用计算机及摄像技术是摆在我们面前的一个很紧迫的问题。一方面，我们在利用计算机绘图及摄像时应尽可能结合多种综合表现方法而在一定程度上减少表现质感上的乏味，如图9所示是为杭州印象·西湖推广所做的插图，综合利用计算机三维、二维技术结合摄像多次嫁接而成，质感柔和，不落俗套。计算机及摄像的优越性体现得淋漓尽致。另一方面，我们不能完全抛弃手绘的独特魅力，虽然日新月异的计算机软件有着许多类似的手绘功能和表现效果，但相对都是局限的、标准化的、程式化的。再完美的计算机软、硬件技术，也无法真正完全代替人的脑和手。所以，我们可以综合计算机的优势和手绘的魅力，将其二者相结合来表现。手绘作品不但可以通过扫描输入计算机，而且可借助计算机得到进一步加工创作，利用计算机的修改便利的优势，可以赋予手绘作品一种全新的活力。如图10所示是为“柏年烛业”的推广所作的插图之一，内容上是体现该类蜡烛的造型千姿百态；表现上就是在手工基础上通过计算机进一步处理而成，所以正确把握、处理好高科技计算机与手绘的关系，是“插图”教学应用计算机技术必须正确面对的问题。

总之，作为美术应用的插图专业教学，必须紧密地综合与之密切相关的各类视觉载体的特点及这些视觉载体所附有的主题文案，并兼顾创意与表现的丰富性，以及正确处理好它们之间的相互关系。提倡立足本土、弘扬民族文化，还得驾驭时尚。更科学、更有效、更合时地培养学生创作出“准”“奇”“美”的优秀插图作品。

以上几点是笔者对美术应用课“插图”教学的一些体会，目的是为更好地建设中国本土插图专业，寻找出一条更科学、更有效、更合时宜的教学途径，在新形势下培养出合格的人才。以此希望与同人共享。

参考文献

[1] 章利国 . 现代设计美学 [M]. 郑州 : 河北美术出版社 , 1999.

[2] 马泉 . 综合就是创造 [J]. 装饰 , 2002,5: 68-69, 29-31.

[3] 王受之 . 世界平面设计史 [M]. 北京 : 中国青年出版社 , 2018.

[4] 杨先让, 杨阳 . 黄河十四走 [M]. 桂林 : 广西师范大学出版社, 2018.

[5] 章利国 . 造型艺术美学导论 [M]. 石家庄 : 河北美术出版社 , 1997.

[6] 中国惊现“文化赤字”[J]. 大家文摘报 , 2006,4:7.

图 9 杭州印象 · 西湖插画

图 10 “柏年烛业”推广插画

从现代“图形创意”析中国传统吉祥图案

（本文曾发表于《包装工程》2006 年第 6 期）

杨晓金

（浙江理工大学艺术与设计学院，杭州 310012）

摘要：文章从现代“图形创意”的角度对中国传统吉祥图案进行了新的审视，对其由内在观念到外在形式语言进行了艺术发生学上的分析，以期这种宝贵的传统艺术资源对中国现代本土化的视觉设计有更现实的借鉴意义。

Analyze on modern graphic idea into Chinese traditional lucky design

(College of art design, Zhejiang Sci-Tech University Hangzhou 310012,China)

Abstract: In This Article aim to modern graphic idea into Chinese traditional lucky design in revised view. Analyzing the art beginning theory from deeply concept to out of shape language. From the precious traditional art resources, people will get more realistic reference meaning to the Chinese national visual design.

Key words: graphic idea　lucky design imagine

中国传统吉祥图案，是指中国传统造型艺术中所特有的，在漫长的历史过程中积淀下来的相对固定的具有“吉祥”意味的图式，也就是我们常说的“传统图案”或“传统纹样”。而“图案”和“纹样”，都是指一种美化器物的花纹样式，它们最主要的特征是装饰性，因而传统吉祥图案的研究也多是在装饰特征和工艺特点的层次上进行探讨。事实上，从现代“图形创意”角度来看，这些具有“吉祥”意味的图形样式的背后有着更为深厚的观念背景和文化蕴含，以及特有的图形语言表达方式，在信息传媒大爆炸的今天，从图形创意角度解析中国传统吉祥图案，对我们打造现代本土化的视觉设计有着非常重要的意义。

一、图形与图形创意

远古人类以图形的方式记录生活、传达信息，相对来说是朴素、写实、单层次的。这种简单、直观的图形在古老的西方表现得较为明显。如古希腊出土的一件陶罐上的乌贼图、西班牙洞穴壁画中的野牛图。

“读图时代”的今天，简单的图解式的图形，其表现力往往是有限的、苍白的，对于复杂的内涵和信息，需要人们通过联想、类比的思维方式，选择在某个角度与所表达的内容相关联的造型元素，并将这些造型元素通过借代、局部替换、异质同构等图形语言的设计方法组织在一起来进行表达和传递，这在现代视觉传达设计领域中称为“图形创意”。把简单的图式经过“图形创意”再生出的新图形往往奇特更有意味，能更丰富且有效地传达信息。图形从最低层次的直接记录表现上升为高层次的表达和象征。虽然看起来这些象征图形越来越远离了客观形态的表象，但却更接近它的本质和意义。所以从某种意义上说，“图形创意”是现代视觉设计的核心和灵魂。

事实上，古人类在使用一些朴素、简单、直接图形的同时；也把对自然的感悟所产生的心象，通过具有关联性的图形连接起来，创造出了记录其情感的综合且奇异的图形符号。而这在古老的东方表现得尤为突出。如半坡彩陶中人和鱼巧妙结合为一体的人面鱼身图，由多种生灵综合为一体的龙凤图。因此，从这个角度来看，所谓的现代“图形创意”古已有之。而类似龙、凤等综合而成的古老图形正是中国传统吉祥图案的典型代表。

二、吉祥图案源于观念

中国传统吉祥图案，古时称瑞应图或吉祥画，它的形成源于中国传统的吉祥观念。图案往往指向的是各种抽象的与“吉祥”有关的内涵，如“多子多福”“合和如意”等，这些抽象的内涵很难用直观的视觉语言表现出来。而我们的先民在对自然现象长期的熟识默记的过程中，不断地对所看到的自然物象进行经验化、图式化的塑造，凡是与“吉祥”寓意些许关联的事物都会用来表达吉祥观念，并逐渐转变为一种图形化的观念符号，通过这些观念符号来表达对美好、吉祥生活的向往。

三、创意联想独具匠心

与现代“图形创意”不同的是；这些图案都是老百姓生活中自发的创造，没有太多的功利因素，这个过程的创造者不是某个人，而是群体性的，经历的时间也是漫长的历史过程。但两者的创意方法是基本一致的，那就是“联想”。而中国传统吉祥图案中可以看到许多独具匠心的联想与表现手法，下面试加以解析。

1. 对于事物特征的联想与表现

传统吉祥图案中，有很动植物的造型，之所以选择它们来表达吉祥的寓意，很大程度上因为这些事物的某种特征和属性让人们联想到某种理想的生活状态，能够表达人们心中的一些美好的愿望。例如，在民间，具有旺盛繁殖力的鱼类和蛙类与人们渴望子嗣繁衍、族群兴旺的心理需求相投合，从而成了生命力的象征，成为“吉祥”的动物。在吉祥图形中，便有了许多鱼或蛙和童子同构的造型（图1、图2）。而石榴和葫芦，因为有“多子”的特点，同样被用以表达“多子多福”吉祥的寓意。

图1　送子蛙

2. 对于事物存在状态的联想与表现

传统吉祥图案中，当事物的存在状态与人们的理想追求相契合时，就将其作为美好生活状态的比赋，列为吉祥图案。

例如，岁寒三友：松、竹、梅，在万物凋零的冬季，仍能保持其生态，年年月月从不改变，因而成为真情、友谊万古长存的体现（图3）。

图2　鱼童

3. 对于事物外观形象的联想与表现

传统吉祥象征图形中，客观事物的外观形象与某种有吉祥寓意的造型相仿就往往被用以表达吉祥的观念。这是人们对形象外观进行联想的结果，如柿蒂形，其实是柿子根蒂部位的形状，由于酷似四相合抱的如意形，由此与“事事如意”的吉祥寓意相关联。同样，灵芝也由于其外形极似如意，而用来作为“吉祥如意”的象征。

图3　岁寒三友

4. 对于事物读音的谐音联想与表现

谐音，利用了汉语的一个重要特征：汉字有许多读音相同、字义相异的现象。在吉祥图案中，由于一事物的读音与某个吉祥字或吉语中的某个字的字音相同或相似，就会被拿来表达吉祥的寓意。如荷花与“合发”谐音，便有和合发达之意；枣与“早”谐音，寓“早生贵子”之意等。在这些谐音关联中，有些

"谐音"物象字面意义有着恰到好处的内在联系，如"连（莲）年有余（鱼）""岁（穗）岁平安""耄（猫）耋（蝶）富贵（**图4**）"等。这些老百姓喜闻乐见的形象与谐音巧妙应和、相得益彰。

图4　耄耋富贵

另外，值得一提的是传统吉祥象征图形在图形创意最后的设计表现上，也是非常有创造力的，为了表达某个吉祥的意愿，互不相干的事物往往会以超出事物客观存在的方式组织在一起，同时也被设计得极富美感，达到一种超越现实的审美境界。如象征"多子、多福、多寿"的"福寿三多"图（**图5**），为了表达吉祥的寓意，把三种互不相关的植物嫁接在一起，达到了一种非常独特的视觉效果。而民间的剪纸中的吉祥象征图形"剪除五毒"（**图6**），即剪纸艺人把剪子和民间认为的五种毒虫：蜈蚣、蜥蜴、蟾蜍、蝎子、蛇组织在一个画面中，用以表达去除病害的吉祥观念。虽然是一些听起来令人恐惧的毒虫，但图形画面处理得很唯美。

图5　福寿三多

四、创意得自"物我同一"

在中国吉祥图案中，我们会发现用以表达观念的图形元素大多是以隐喻、类比和借代的方式选择具象的事物，然后将这些客观事物进行合乎自己愿望的整合加工，有时这种加工超出了客观现实，呈现出一个极富想象力的缤纷多彩图像世界。

图6　剪除五毒

这种独具特色的图形的形成，从更深层次来进行探究，应该说，源自中国原始的物我同一的思维方式。张显清先生在《略论中国传统文化的整体性》中指出："在思维方式上强调整体性、和谐性、统一性是中华传统文化的显著特征。”“从先秦的‘天人合一’到宋明的‘万物一体’论，则是这一特征的集中体现。”在古人看来，万事万物都是一个有内在联系的、和谐统一的整体。在这种整体意识的统摄下，中国的造物活动始终把人的情感或观念与物的形式相联系，借物抒情，以形写意，使自然的物拥有了“人化”的象征内涵。

五、结语

传统吉祥图案中的创意与现代“图形创意”虽然在主观目的上不同（前者是出于直觉本能的自发的创造，并不一定以传播信息为主观目的；后者是自觉的设计，以传播特定的信息为主要功能），但是，二者却具有相同的性质——都是把抽象的观念、内涵进行了图形联想表现。因此，作为一种表意图形，我们对传统吉祥象征图形的研究，不能仅仅停留在形式上的探讨，不仅要知其然，还要知其所以然，通过对其由内而外的形成过程进行艺术发生学的角度探讨，了解吉祥象征图形由意而形的生成规律，这样才能对我们现代的视觉设计有更好的指导和借鉴意义。

参考文献

[1] 马泉 . 广告图形创意 [M]. 武汉 : 湖北美术出版社 , 2003.

[2] 左汉中 . 中国吉祥图像论 [M]. 长沙 : 湖南美术出版社 , 2005.

[3] 杨学芹 , 安琦 . 民间美术概论 [M]. 北京 : 北京工艺美术出版社 , 1994.

浅析“吉祥物”在“POP”广告中的运用

（本文曾发表于《艺术界》2006年第8期）

杨晓金

近年来，“POP”广告的发展可谓日新月异。在“POP”制作与技法介绍方面的著作也层出不穷，而有关“POP”理论的研究相对滞后，针对“POP”与“吉祥物”关系的研究尚属空白。而这两者之间恰好有着千丝万缕、非同一般的密切联系。研究之，有利于加快“POP”广告发展的步伐。

一、有关“POP”

“POP”为英文“Point of Purchase”的缩写，一般指商场（购买点）环境周围摆放着、悬挂着向您提供商品信息的各类形式的广告物。一方面它是购买前最后的广告，在顾客与商品直接接触时扮演着“推销员”的角色；另一方面它又是活跃卖点气氛的重要资源。所以相对来说“POP”广告应具有强烈的感染力和人情味，形态活泼、多变、有趣味。这些正是“POP”广告所要追求独特效果。那么，这些独特效果与“吉祥物”有啥内在联系呢？这就涉及了下面的一个议题——“吉祥物”。

二、有关“吉祥物”

追求美好、幸福，祈望吉祥平安是人类的天性。古人对原始生活充满着迷惑和畏惧，以寄托于某一物或神来帮助他们驱鬼逐妖，远离灾害，保佑平安。因而，作为家庭、氏族的保护神的“吉祥物”便产生了。“吉祥物”的实体一般是某种动物、植物，甚至是人为创造出来的形象。它们共同之处就是被赋予了生命力。中国古代的“龙、凤”就是早期“吉祥物”的典型代表。

时过境迁，现代人类虽不再像古人那样迷信于神灵，但这种向往美好、幸福、快乐的吉祥意识，始终伴随着人类的进步。特别是现代社会人与人之间的冷漠与浮躁，更加剧了人类对这种充满着快乐、友好、祥和有情趣的“吉祥物”的渴望。较古代不同的是，现代“吉祥物”被更多地赋予了人情味，“拟人化”是现代“吉祥物”的一个重要特征。当今“吉祥物”已广泛地应用于商业、活动等领域。从部落、民族的图腾，演变成了现代某个机构（活动）的吉祥造型，从而给机构（活动）注入新的生命力。与相对简洁、理性、抽象的机构（活动）标志相辅相成，共同承担着促销、宣传等重任。

三、“吉祥物”与“POP”

图1　可爱包包

从以上对“POP”广告以及“吉祥物”两方面的分析，可以有这么一种体会：作为卖点招揽顾客的“POP”广告必须感染人有亲和力，形态活泼有趣味；而具有生命力、友好、快乐的“吉祥物”好像正好可以迎合“POP”广告的这些需要。在POP广告中使用吉祥物，将是怎样的一番景象呢？下面结合本人所指导的学生作品试加以分析。

1.“吉祥物”能让“POP”广告扮演真正意义上的“推销员”

“吉祥物”特有的一个手势、一个眼神、一个嘴脸，常常引起顾客的注意与好感，运用于“POP”广告中，能让“POP”广告扮演着真正意义上的“推销员”。如学生作业“可爱包包”（图1）中可爱的“她”一手捧着“礼包”，一手示意出友好的“请”，加上那甜蜜、滑稽的表情，个性化的发型以及毕恭毕敬稍倾斜的身体语言，好像在说：“来，看看我的包哦，礼品等你拿嘞！”俨然一个天使般的“推销员”。作业“贝因美”（图2）也有异曲同工之妙。

图2　贝因美

2.“吉祥物”是充实、美化“POP”广告内容的重要“插图”，有效地增强画面的视觉冲击力

“POP”广告的内容一般为标题、说明文、品牌标识等，这些元素一般来说显得抽象、理性、平淡。而“吉祥物”的出现将

带来新的活力与生机。如作业“冬瓜茶”（图3）中巧妙地编排于画面的下面调皮的“小东瓜”，与上面抽象、理性的文字形成了对比，充实、美化了画面；增强了视觉冲击力。作业“SNOOPY”（图4）也因“吉祥物”而神采奕奕。

3.“吉祥物”使得“POP”广告形态更巧妙、结构更活泼

“吉祥物”的介入能自然改变“POP”广告的形态特征，打破平淡的编排而出奇制胜。如作业“卡西欧”（图5），假设去掉这个“吉祥物”，该“POP”外形结构就是一个直挺挺的、冷漠的方形；而左上角“吉祥物”的嵌入，打破了方的外形，“活泼”了不少。又如吊挂“妈妈乐”（图6），吉祥物本身就是一个完整的巧妙外形，与下面主标题文字、心形相互辉映，构成韵律美。

4.“吉祥物”本身的设计能巧妙地反映“POP”广告主题，强化统一性和趣味性

像其他设计一样，“吉祥物”设计也应尽量体现出客体的主题内涵。这样的设计才更准确，更具生命力以及更容易显示出个性。也容易与相关的设计内容达成统一。例如，作业“辣旋风”（图7）作者通过超现实主义手法塑造出一个辣得痛快并喷着盘旋火焰的小精灵，与抽象概念“辣旋风”一一对应，完美地表达出了主题内涵。而且，该系列吉祥物的发型也具有火焰的特征，更好地呼应了主题并达到进一步的统一。另外，多个错位叠加的碗与盘旋火焰巧妙地组合无不显示出该作者紧密把握主题的智慧与匠心。

图3　冬瓜茶

图4　SNOOPY

图5　卡西欧

图 6　妈妈乐

图 7　辣旋风

5.“吉祥物”能使“POP”赢得顾客更广泛，时间更恒久

“吉祥物”以那夸张、个性、艺术化的造型，风趣、幽默的表情，健康、优美的体形，以及玩世不恭或高雅贤淑的气质赢得了越来越广泛的厚爱。老幼皆欢，能使“POP”广告魅力永存。相对于用某某明星形象来说，有过之而无不及，不会因为某种绯闻或流言而身败名裂。因为它是理想的化身，承载了人们太多的憧憬与向往。“吉祥如意”是它永远的信念，所以同样会赢得恒久的赞誉。

四、结语

活泼可爱、吉祥如意、魅力四射的“吉祥物”与造型夸张、人情味强烈、促销和活跃卖点气氛的“POP”广告确实有着“天作之合”的“缘分”。“吉祥物”的诸多特点正好能满足“POP”广告相应的诸多需要。在“POP”广告中运用“吉祥物”，能使本来平淡无奇的广告充满活力、增强冲击力与感染力；并能更生动地诠释主题，而让“POP”广告在真正的意义上尽情地展现出自身的价值和作用。

后记

纵览全书，无论不成熟的实验作品，还是粗浅见解，所展现的均为笔者图形艺术探索过程中的真情记录、坦诚告白，如能借此收获读者的批评与指正，使笔者的探索得以纠偏继而更好的前行，无疑是笔者对本书最大的希冀与告慰。

本书作品多限于“图形艺术”及手工层面，不可否认，它只是艺术及审美力介入社会及生活的一小块区域。从当前AI时代更广博的社会层面来看，审美力正扮演着什么样的角色，以及如何更好地介入人们多层次的品质生活？这是摆在社会面前全新的重要课题，借本书抛砖引玉引发大众深度思考，以至于结合自己所从事的领域创新践行，是笔者对本书的第二个重要希冀。

进而言之，审美力已然作为人类的核心能力深入到了社会生活的方方面面，从2025年教育部新增了多个本科艺术专业目录可见一斑，如舞蹈治疗、数字演绎设计、虚拟空间艺术、智能影像艺术、人居艺术、数字戏剧等诸多跨界式创意新形态专业，即艺术审美力俨然成了一座四通八达的宏伟桥梁，将文化与生活、历史与未来、自然与科技、感性与理性等综合交叉地链接了起来，艺术及审美力从原本的“无用”边缘随AI时代一起登上了“舞台C位”。可见，在这个特别的AI时代艺术远远不仅局限于其本身，而是审美文化软实力完全融入了人类日常生活的点点滴滴。鉴于此，如何提升艺术审美力？如何把控审美力使其做好与这个特别时代相一致的效用转向？这无疑是关乎着人类对美好生活的全新追求及人类文明未来走向的重要课题。

AI巨变时代，高生产力下民众将不再为物质的量所困，物质的附加值即其精神价值骤然飙升，作为人类精神层面最高境界的审美力自然而然地被推到了风口浪尖，审美需求从未像今天这样与该时代形影相行，谁把控了审美力等于谁拥抱着这个时代的最前沿。